高等职业院校计算机基础教育精品系列教材

C 语言程序设计项目化教程

王艳娟　崔敏　孟庆岩　主编

北京理工大学出版社
BEIJING INSTITUTE OF TECHNOLOGY PRESS

内 容 简 介

本书按照职业岗位需求，给合高职生学习特点，以学生为主体，教师为主导，以岗位能力设计教学模块，采用"教、学、做"一体化教学方式，提升学生的基本编程素养。教研组通过多年的项目化教学实践和论证，将C语言原有的基础知识、控制语句、数组、函数、指针、结构体以及文件等依据项目引领、任务导向打乱教学顺序，选取了"ATM自助存取款机""学生学籍管理系统"2个典型教学项目，9个工作任务，每个任务均由任务描述、知识储备、任务实现、上机实训以及习题等环节组成。本书打破原有模块化的知识体系结构，按照项目需求，秉承"理论够用、重在实践"教学原则设计教学单元；每个教学单元中依据任务需求设计大量的实例题目，从原理上厘清学生认知；教学内容以"理论够用、重在实践"原则进行设计。

本书可作为高职高专计算机类、电子信息类、机械制造类相关专业的专业基础课程教材，零基础或者有一定基础的均可使用该教材。

版权专有　侵权必究

图书在版编目（CIP）数据

C语言程序设计项目化教程 / 王艳娟，崔敏，孟庆岩主编. — 北京：北京理工大学出版社，2020.9

ISBN 978-7-5682-9000-5

Ⅰ. ①C… Ⅱ. ①王… ②崔… ③孟… Ⅲ. ①C语言-程序设计-教材 Ⅳ. ①TP312.8

中国版本图书馆 CIP 数据核字（2020）第 165135 号

出版发行 /	北京理工大学出版社有限责任公司
社　　址 /	北京市海淀区中关村南大街5号
邮　　编 /	100081
电　　话 /	（010）68914775（总编室）
	（010）82562903（教材售后服务热线）
	（010）68948351（其他图书服务热线）
网　　址 /	http://www.bitpress.com.cn
经　　销 /	全国各地新华书店
印　　刷 /	三河市天利华印刷装订有限公司
开　　本 /	787毫米×1092毫米　1/16
印　　张 /	17.25	责任编辑 / 朱　婧
字　　数 /	398千字	文案编辑 / 朱　婧
版　　次 /	2020年9月第1版　2020年9月第1次印刷	责任校对 / 周瑞红
定　　价 /	45.00元	责任印制 / 施胜娟

图书出现印装质量问题，请拨打售后服务热线，本社负责调换

前　言

人们相互交流需要语言，人和计算机交流信息，也需要语言，为此需要创造一种计算机和人都能够识别的语言，这就是计算机语言。计算机语言经历了以下几个发展阶段：

机器语言。计算机的工作是基于二进制的，因此计算机只能识别和接受由 0 和 1 组成的计算机指令。这种计算机能直接识别和接受的二进制代码称为机器指令，而机器指令的集合就是该计算机的机器语言。机器语言与人类的语言习惯差别太大，难学、难记、难修改、难检查、难写、难以推广和使用。

符号语言。为了克服机器语言的缺点，人们创造出了符号语言。它是用一些英文字母和数字来表示一个指令。例如：ADD 代表"加"，SUB 代表"减"。但是计算机并不能直接识别和执行符号语言的指令，需要用一种称为汇编语言的软件，把符号语言的指令转换成机器语言。为此，符号语言又称为符号汇编语言或者是汇编语言。虽然汇编语言比机器语言较接近于人类的语言习惯，但是也很难普及，只在专业人员中使用。而且，不同型号的计算机的机器语言与汇编语言是互不通用的，机器语言和汇编语言是完全依赖于具体机器特性的，是面向机器的语言，称为计算机低级语言。

高级语言。为了克服低级语言的缺点，20 世纪 50 年代创造出了第一个计算机高级语言——FORTRAN 语言，它很接近于人们习惯使用的自然语言和数学语言。这种语言功能很强，且不依赖于具体机器，用它写出的程序对任何型号的计算机都适用，称为高级语言。而 C 语言是国际上广泛流行的计算机高级语言。

C 语言是在 20 世纪 70 年代初问世的。1978 年，美国电话电报公司(AT&T)贝尔实验室正式发表了 C 语言。同时，B.W.Kernighan 和 D.M.Ritchit 合著了著名的《THE C PROGRAMMING LANGUAGE》（通常简称为《K&R》，也有人称之为《K&R》标准）。美国国家标准协会（American National Standards Institute）在此基础上制定了一个 C 语言标准，于 1983 年发表，通常称之为 ANSI C，目前已成为计算机程序设计的主流语言。

CONTENTS 目录

项目一　ATM 自助存取款机 ·· 1

任务一　设计欢迎界面 ··· 2
　　一、VC++6.0 安装 ··· 2
　　二、C 程序调试与运行 ··· 4
　　三、C 程序构成 ·· 9
　　四、printf 函数 ··· 12
　　五、无参函数的定义与调用 ·· 12

任务二　实现存取款业务 ·· 16
　　一、数据表现形式 ··· 16
　　二、基本数据类型 ··· 19
　　三、变量的定义与使用 ··· 23
　　四、不同类型数据间的混合运算 ·· 26
　　五、数据输入与输出 ·· 27
　　六、运算符 ·· 36
　　七、赋值运算符 ·· 36
　　八、算术运算符 ·· 39
　　九、关系运算符 ·· 44
　　十、逻辑运算符 ·· 45
　　十一、顺序结构 ·· 48
　　十二、选择结构 ·· 50
　　十二、函数的定义、调用与返回 ·· 61

任务三　实现功能选择 ··· 71
　　一、多分支选择结构（if 语句） ·· 72
　　二、多分支选择结构（switch 语句） ··· 74
　　三、综合能力拓展 ··· 76

任务四　实现密码校验 ··· 82
　　一、循环概述 ··· 82
　　二、while 循环 ·· 84
　　三、do-while 循环 ··· 87
　　四、for 循环 ··· 90
　　五、break 与 continue 语句 ··· 96

　　　　六、循环嵌套……………………………………………………………………… 99
　　　　七、循环结构拓展练习…………………………………………………………… 100

项目二　学生学籍管理系统 ……………………………………………………………… 111
任务一　建立学生数据模型以及处理数据 ………………………………………… 112
　　　　一、数组的必要性………………………………………………………………… 112
　　　　二、一维数组……………………………………………………………………… 113
　　　　三、二维数组……………………………………………………………………… 121
　　　　四、字符数组……………………………………………………………………… 127
　　　　五、字符串处理函数……………………………………………………………… 133
　　　　六、数组部分能力拓展…………………………………………………………… 139
　　　　七、结构体………………………………………………………………………… 143
　　　　八、结构体数组…………………………………………………………………… 148
任务二　实现功能函数中的数据传递 ……………………………………………… 159
　　　　一、无参函数……………………………………………………………………… 160
　　　　二、有参函数的定义与调用……………………………………………………… 161
　　　　三、数组作函数参数……………………………………………………………… 168
　　　　四、函数的嵌套和递归调用……………………………………………………… 170
　　　　五、局部变量和全局变量………………………………………………………… 175
　　　　六、变量的存储类别……………………………………………………………… 178
任务三　实现学生信息的排序 ……………………………………………………… 193
　　　　一、冒泡排序……………………………………………………………………… 194
　　　　二、选择排序……………………………………………………………………… 196
任务四　实现学生信息的快速访问 ………………………………………………… 201
　　　　一、指针变量的定义与使用……………………………………………………… 201
　　　　二、指针变量做函数参数………………………………………………………… 207
　　　　三、指针与一维数组……………………………………………………………… 209
　　　　四、指针与二维数组……………………………………………………………… 217
　　　　五、指针与字符串………………………………………………………………… 222
任务五　实现学生信息的读取与写入 ……………………………………………… 240
　　　　一、文件的分类…………………………………………………………………… 241
　　　　二、文件打开与关闭……………………………………………………………… 241
　　　　三、字符读写函数 fgetc 和 fputc ………………………………………………… 245
　　　　四、字符串读写函数 fgets 和 fputs ……………………………………………… 247
　　　　五、数据块读写函数 fread 和 fwrite …………………………………………… 249
　　　　六、格式化读写函数 fscanf 和 fprintf …………………………………………… 252
　　　　七、文件的随机读写……………………………………………………………… 254
　　　　八、文件检测函数………………………………………………………………… 256

附录 A　ASCII 码值对照表 ……………………………………………………………… 262
附录 B　位运算 …………………………………………………………………………… 264
附录 C　运算符和结合性 ………………………………………………………………… 268

项目一 ATM 自助存取款机

● 项目导入

自助存取款机是典型的图形界面与功能选取相结合的系统，同时也是学生常见并熟悉的系统，本项目使用 C 语言编写程序，设计 ATM 自助存取款机的界面、实现存取款、密码验证等功能。

● 项目分析

本项目使用 printf 函数完成界面打印，使用 scanf 函数完成功能选择项输入以及存取款金额的输入，使用运算符和选择语句完成存取款金额的判断，使用多分支选择语句实现功能选取，使用循环语句实现密码验证。

本项目主要讲解 C 程序的构成，C 程序的调试与运行，C 程序的基础知识、控制语句以及简单函数的定义与调用。

● 能力目标

能够使用编译环境实现 C 程序的调试与运行；
能够使用 printf 函数实现屏幕输出；
能够使用 scanf 函数实现数据输入；
能够综合使用运算符和选择语句实现条件判断；
能够使用选择结构实现多情况的选取；
能够使用循环结构解决重复性问题；
能够调用自定义函数。

● 知识目标

掌握 C 程序的调试与运行；
掌握基本数据类型以及数据的输入与输出；

理解运算符的作用；

掌握多种运算符的综合使用；

掌握单分支、双分支以及多分支选择结构的使用；

掌握循环结构以及循环跳转的使用；

掌握无参函数的定义与调用。

任务一　设计欢迎界面

任务描述

使用 ATM 自助存取款时，首先看到的就是欢迎、登录页面，当用户输入正确的密码后就可以进入功能页面，具体实现可参考图1-1。

图1-1　ATM欢迎界面

知识储备

一、VC++6.0安装

1. 双击setup应用程序（图1-2）

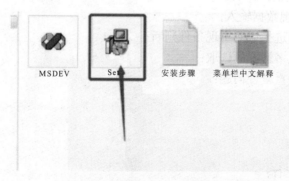

图1-2　VC安装-1

2. 单击下一步（图1-3）

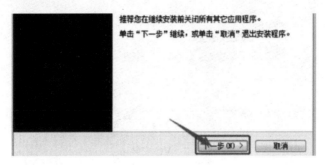

图1-3　VC安装-2

3. 继续单击下一步（图1-4）

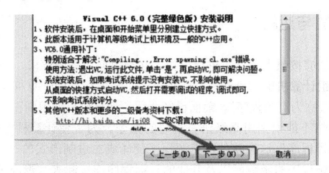

图1-4　VC安装-3

4. 选择安装路径并单击下一步（图1-5）

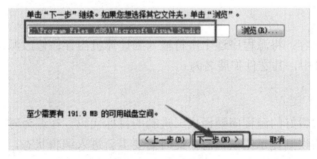

图1-5　VC安装-4

5. 单击下一步（可选项）（图1-6）

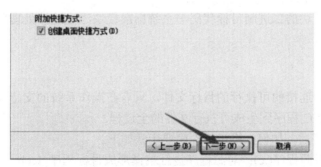

图1-6　VC安装-5

6. 单击安装（图1-7）

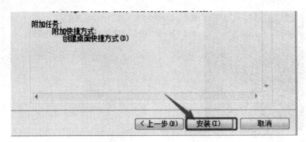

图1-7　VC安装-6

7. 安装成功

二、C程序调试与运行

　　为了使计算机能够按照人的意志进行工作，必须根据问题的要求，编写出相应的程序。所谓程序，就是一组计算机能识别和执行的指令。每一条指令使计算机执行特定的操作。用高级语言编写的程序称为"源程序"。前面已经介绍，计算机只能识别和执行0和1组成的二进制的指令，显然不能识别用高级语言编写的指令。为了使计算机能执行高级语言源程序，必须先用"编译程序"这个软件，把源程序翻译成二进制形式的"目标程序"，然后再将该目标程序与系统程序的函数库以及其他的目标程序连接起来，形成可执行目标程序。C语言采用的编译方式是将源程序转换为二进制目标代码，编写一个C程序到完成运行得到结果一般需要经过以下步骤：

1. 编辑

　　编辑包括以下内容：将源程序逐个字符输入到计算机内存；修改源程序；将修改好的源程序保存在磁盘文件中，其文件扩展名为.c。

2. 编译

　　编译就是将已编辑好的源程序翻译成二进制的目标代码。在编译时，要对源程序进行语法检查，如果发现错误则提示错误信息，此时需要重新进入编辑状态，对源程序进行修改后再重新编译，直到通过编译为止，生成扩展名为.obj的同名文件。

3. 连接

　　连接是将各个模块的二进制目标代码与系统标准模块经过连接处理后，得到可执行的文件，其扩展名为.exe。

4. 运行

　　一个经过编译和连接的可执行的目标文件，只有在操作系统的支持和管理下才能执行。图1-8描述了从一个C程序到生成可执行文件的全过程。

　　写好一个C程序后，如何上机运行？简要步骤如下：

　　上机输入和编辑源程序(.c)；对源程序进行编译形成目标程序（.obj）；对目标程序进行连接处理形成可执行目标程序（.exe）；运行可执行目标程序即可得到结果。

图1-8　C程序实现过程

目前使用的大多数 C 语言编译系统都是集成环境，把程序的编辑、编译、连接、执行等操作集中在一个界面上进行。常用的编译系统有：Turbo C2.0、 Turbo C++3.0、Visual C++6.0 等。本书选定的上机环境为 Visual C++6.0。本节主要介绍 Visual C++6.0 中如何编辑、编译、连接、运行 C 程序，图 1-9 即为 Visual C++6.0 的主界面。

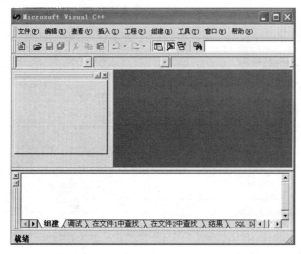

图1-9　Visual C++6.0 主界面

在使用 Visual C++6.0 集成环境之前，要提前在计算机上安装 Visual C++6.0 系统。Visual C++6.0 有中文版和英文版，使用方法相同，本书中使用的是中文版。打开 Visual C++6.0 集成环境，屏幕上出现的即 Visual C++6.0 的主窗口，如图 1-9 所示。窗口顶部是主菜单栏，包括 9 个菜单项：文件（File）、编辑（Edit）、查看（View）、插入（Insert）、工程（Project）、组建（Build）、工具（Tools）、窗口（Windows）、帮助（Help）。括号中英文的内容是使用 Visual C++6.0 英文版屏幕上对应的菜单。

主窗口的左侧是项目工作区窗口，用来显示所设定的工作区信息；右侧是程序编辑窗口，用来输入和编辑源程序。

1. **编辑**

新建一个源程序，在 Visual C++6.0 主窗口的主菜单栏中选择文件，然后选择新建命令（见图 1-10）。

屏幕上出现一个新建对话框（见图 1-11），单击对话框上方的"文件"选项卡，在其列表框中选择"C++ Source File"项，然后在对话框右半部分的位置文本框中输入准备编辑的源程序文件的存储路径（假设 E:\常用软件），在其上方的文件名文本框中输入准备编辑的源程序文件的名字（假设为 c1-1.c）。

图 1-10　新建文件

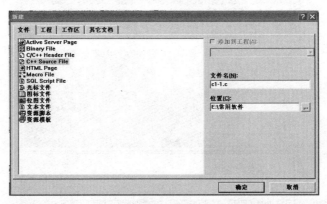

图 1-11　新建选项卡

单击"确定"按钮后，回到 Visual C++6.0 主窗口，这时就可以输入和编辑源程序了，如图 1-12 所示。在编辑完成后可以在主菜单栏中选择"文件"，并在其下拉菜单中选择"保存"项，也可以单击工具栏中的"保存"按钮，这样就可以保存源文件了。

注意

在新建时要指定后缀名为.c，否则默认是 C++的后缀名。

图 1-12　程序页面

2. 编译

在编辑完成并保存了源程序后，对其进行编译。单击主菜单栏中的"组建"，在其下拉菜单中选择"编译 c1-1.c"（见图 1-13），也可以不用选择菜单的方法，而直接按 Ctrl+F7 键或者工具栏中的" "来完成编译。

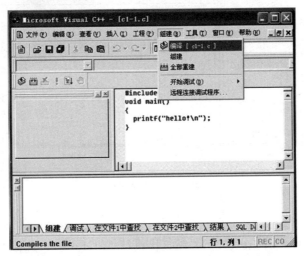

图 1-13　编译

在选择"编译"命令后，屏幕上会出现一个对话框如图 1-14 所示，单击"是"按钮，然后开始编译。在进行编译时，系统会检查源程序有无语法错误。如果没有错误，则生成目标程序"c1-1.obj"；如果有错，则会指出错误的位置和性质，用户可以根据提示改正错误。

图 1-14　提示信息

3. 连接

在得到".obj"目标程序后，应选择"组建"菜单项，其下拉菜单中选择"组建 c1-1.exe"（见图 1-15），也可以不用选择菜单的方法，而直接按 F7 键来完成编译。

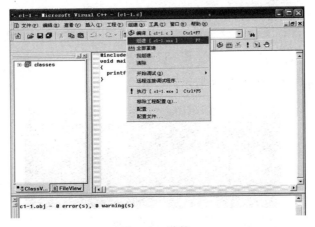

图 1-15　连接

在执行连接后，调试输出窗口中显示的信息说明没有错误，即生成一个可执行文件"c1-1.exe"（见图1-16）。

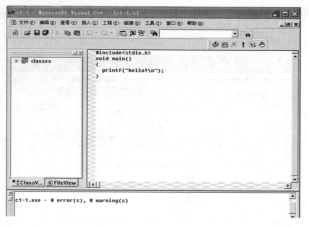

图1-16 连接成功

4. 执行

在得到可执行文件"c1-1.exe"后，就直接执行"c1-1.exe"。选择"组建"菜单项，在其下拉菜单中选择"执行 c1-1.exe"（见图1-17），也可以不用选择菜单的方法，而直接按Ctrl+F5键或者"！"来完成编译。

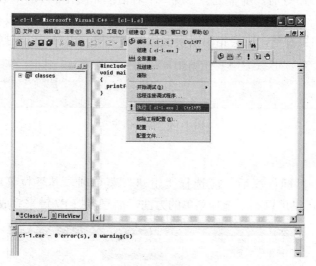

图1-17 执行

执行后可以看到结果，如图1-18所示。

图1-18 程序结果

三、C 程序构成

下面通过两个典型的 C 程序来介绍 C 的构成。

【例 1-1】 功能描述：向世界问好！

程序实现代码如下：

```
#include<stdio.h>              //这是编译预处理命令
void main()                    //定义主函数
{                              //函数开始的标志
    printf("Hello World!\n");  //输出 Hello World!并运用"\n"实现换行
}                              //函数结束的标志
```

程序运行结果是：

```
Hello World!
Press any key to continue_
```

以上运行结果是在 Visual C++ 6.0 环境下运行得到的，其中第 1 行是程序运行输出的结果，第 2 行是 Visual C++6.0 系统在运行结果后自动输出的一行信息，意思是"如果想继续进行下一步，请按任意键"。当用户按任意键后，屏幕上不再显示运行结果，而是返回程序窗口，以便进行下一步。

例题分析：

C 语言中不提供输入和输出函数，需要借助库函数来实现，为此在使用库函数实现基本的输入输出时，编译系统要求程序提供有关此函数的信息（例如：对这些输入输出函数的声明、宏定义、全局变量的定义等），程序第 1 行"#include<stdio.h>"的作用就是提供这些信息的。"stdio.h"是系统提供的一个文件名，"stdio"是"standard input and output"的缩写，而文件后缀.h 是头文件"header file"的缩写。"stdio.h"是编译系统中提供的标准输入输出头文件，当用户用到标准输入输出函数时，就要调用这个头文件。

程序各行的右侧，如果有"//"，则表示从此到本行结束是程序的注释，注释中的文本不会被编译系统编译，不产生任何目标代码，注释对运行不起任何作用。注释是给其他人看的，而不是让计算机执行的。C 程序中有两种注释方式：

（1）以"//"开始的单行注释，如上程序中的注释，这种注释可以独占一行，也可以出现在一行中其他内容的右侧。该注释的范围从"//"开始，以换行符结束，不能实现跨行。

（2）以"/*"开始到"*/"结束的多行注释（也称为块注释），这种注释包含有多行，编译系统在发现一个"/*"后，会开始找注释结束符"*/"，把两者之间的全部内容作为注释。

第 2 行中 main 是函数的名字，表示是"主函数"，main 前面加上 void 表示该函数无确定的返回值。

第 3 行"{"与第 5 行"}"相对应，"{ }"是构成函数的基本部分，其作用是将函数体括起来，并且是成对出现的。

第 4 行"printf("Hello World!\n");"是一个输出语句，printf 函数是 C 编译系统提供的库函数中的输出函数。printf 函数中双撇号内的字符串"Hello World!"按照原样输出，而"\n"是转义字符，其基本含义是实现换行，即在输出"Hello World!"之后，显示屏上的光标位置将向下移动到下一行的开头。

每条语句最后都有一个分号，表示语句结束。

【例 1-2】 功能描述：定义一个求两个数的最大数的函数，并在主函数中调用。

```
#include<stdio.h>          //这是编译预处理命令
void Max()                 //自定义函数 Max
{
    int a=5,b=8,max;       //程序的声明部分，定义 a，b，max 为整型变量
    if(a>b) max=a;         //若 a>b 成立，将 a 的值赋给 max
    else    max=b;         //否则（即 a>b 不成立），将 b 的值赋给 max
    printf("max=%d\n",max);//按照"max=%d\n"格式输出结果
}
void main()                //定义主函数
{
    Max();                 //在 main 函数中调用自定义函数 Max
}
```

程序运行结果是：

```
max=8
Press any key to continue_
```

例题分析：

本程序自定义了一个函数 Max，该函数的功能是求 a 和 b 两个整数中的最大值，将最大值以格式"max = %d\n"打印出来，并在 main 函数中调用了此函数。

第 2 行是自定义函数的首部，该函数没有确定的返回值，只是完成指定的功能。因为此函数类型设置为"void"，同时本函数没有任何参数。

第 4 行是自定义函数的声明部分，C 程序要求函数中所用到的变量要先声明后使用，为此函数的开始部分通常是变量的声明，这里定义了整型变量 a，b，max。同时，a 的初始值为 5，b 的初始值为 8。

第 5 行是条件判断语句，含义是：如果满足"a＞b"，则将 a 的值赋给 max 变量。

第 6 行与第 5 行相对应，含义是：反之（即 a＞b 不成立），则将 b 的值赋给 max 变量。

第 7 行"printf("max = %d\n", max);"是程序输出语句，按照字符串输出格式将 max 的值进行输出，在输出时将"%d"的位置用 max 来取代，"\n"是换行符。

第 9 行是主函数。

第 11 行是函数调用语句，调用了自定义函数 Max。

结论：

通过以上两个程序举例，可以看到一个 C 程序的结构有以下特点：

（1）一个完整的 C 程序是由一个或者多个源程序文件组成。一个规模比较小的程序，往往只包括一个源程序文件，如例 1-1、1-2 均是一个源程序文件，其中例 1-1 源文件中只有一个函数（main 函数），例 1-2 源文件中有两个函数（main 函数和 Max 函数）。

（2）函数是构成 C 程序的基本单位。程序中几乎全部的工作均是由函数完成的，函数是构成 C 程序的基本单位，一个 C 语言程序是由一个或者多个函数组成的，其中必须包含一个 main 函数（有且只能有一个 main 函数）。

（3）函数包含两部分：函数首部和函数体。函数的第一行（包括函数名，函数类型，函数参数名和参数类型）即为函数首部。函数体是{ }内的部分。

例如，例 1-2 中的 Max 函数的首部为：

```
void Max()
```

其中，void 是函数类型，Max 是函数名称，函数名后面必须跟一对圆括号，括号内写函数的参数类型以及参数名。如果函数没有参数，则圆括号也不能省略，是一对空括号，如：main()。

（4）程序总是从 main 函数开始执行的。不论 main 函数在整个程序中的位置如何（main 函数可以放在程序的最前头，也可以放在程序的最后，或者在一些函数之前，另一些函数之后），C 程序总是以 main 函数的"{"开始，以"}"结束。

（5）程序中对计算机的操作是由函数中的语句完成的。语句是构成函数的基本单位，一个函数通常包含一条或者多条语句。C 程序的书写格式比较自由，一行内可以写几条语句，一条语句可以分在多行上，但为了清晰，习惯是一行写一条语句。

（6）在每个数据声明和语句的最后必须有一个分号。分号是构成 C 程序语句的基本单位，只有一个"；"的语句称之为空语句。

（7）C 程序本身并不提供输入输出语句，输入输出的操作是由库函数 scanf 和 printf 等来完成的，需要进行编译预处理#include <stdio.h>。

（8）在 C 程序中应当包含必要的注释。一个好的、有使用价值的程序都应当加上注释，以增加程序的可读性，"//"是单行注释，也可以用"/*…*/"实现多行注释（也称为块注释）。

C 语言程序的特点：

（1）C 语言简洁、紧凑，使用起来方便灵活。

（2）C 语言具有丰富的数据类型和运算符。C 语言提供的数据类型包括：整型、实型、字符型、数组类型、指针类型、结构体类型和共用体类型等。C 语言包含有多种运算符（详见附录 C），灵活使用运算符可以实现其他高级语言中不能实现的运算。

（3）结构化的控制语句（if…else 语句、switch 语句、while 语句、do-while 语句和 for 语句）。函数作为程序的基本单位，便于实现程序的模块化。

（4）C 语言允许直接访问物理地址，能够进行位（bit）运算（见附录 B），能够实现对硬件直接操作。

（5）程序的可移植性好。

（6）生成目标代码质量高，程序执行效率高。

四、printf 函数

printf()函数是 C 语言标准库函数,称为格式输出函数,用于将格式化后的字符串输出到标准输出。标准输出即标准输出文件,对应终端的屏幕,printf()声明于头文件 stdio.h。

printf 函数调用的一般形式:

printf("格式化字符串",输出表列);

格式化字符串包含三种对象,分别为:字符串常量;格式控制字符串;转义字符。输出表列通常是格式控制字符串中需要输出的一系列参数,其个数与格式化字符串所说明的输出参数一样多,各参数之间用","分开,这部分内容将在第二个模块中讲解,本模块我们主要使用字符串常量和转义字符两种对象。字符串常量原样输出,在显示中起提示作用。转义字符是以字符"\"开头的字符序列来表示一种特殊形式的字符常量,例如"\n"中的 n 不代表字母 n,而作为"换行符"。

【例 1-3】 功能描述:打印三角形!

```
#include<stdio.h>
main()
{
    printf("   *\n");          //图中空白处是空格
    printf("  ***\n");
    printf(" *****\n");
}
```

程序运行结果如下:

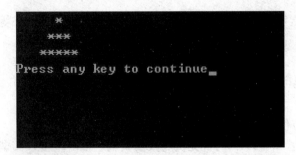

> **思考**
> 如何打印平行四边形呢?请读者自行上机实践。

五、无参函数的定义与调用

1. 函数概述

函数是一段可以重复使用的代码,用来独立地完成某个功能,它使得我们的程序更加模块化,不需要编写大量重复的代码。它可以接收用户传递的数据,也可以不接收。接收用户数据的函数在定义时要指明参数,不接收用户数据的不需要指明,根据这一点可以将函数分为有参函数和无参函数。将代码段封装成函数的过程叫做函数定义,本模块中使用函数的目的是为了完成显示功能,不接收用户传递的数据,那么定义时不带参数,为此是无参函数的定义。

在 C 语言中,所有的函数定义,包括主函数 main 在内,都是平行的。也就是说,在一个函数的函数体内,不能再定义另一个函数,即一个函数并不从属于另一个函数,即函数不能嵌套定义。但是函数之间允许相互调用,也允许嵌套调用,习惯上把调用者称为主调函数,被调用者称为被调函数。main 函数是主函数,它可以调用其他函数,而不允许被其他函数调用。

函数的作用:由于采用了函数模块式的结构,C 语言易于实现结构化程序设计,使程序的层次结构清晰,便于程序的编写、阅读、调试,不会使得 main 函数过于臃肿。

从用户使用的角度来看,函数分为两种:
标准函数和用户自定义函数。
(1)标准函数即库函数,它是由系统提供的,用户不必自己定义而直接使用它们。应该说明,不同的 C 语言编译系统提供的库函数的数量和功能会有一些不同,当然许多基本的函数是共同的。
(2)自定义函数,是用以解决用户专门需要的函数。

2. 无参函数的定义

无参函数:函数定义、函数说明及函数调用中均不带参数,主调函数和被调函数之间不进行参数传送。此类函数通常用来完成一组指定的功能,可以返回或不返回函数值(本任务中主要讲解不返回函数值)。

```
函数返回值类型函数名()      /*   函数首部*/
{
   声明部分;
   语句部分;              /*   函数体*/
}
```

函数返回值类型指明了本函数的类型,它可以是 C 语言中的任意数据类型,例如 int、float、char 等,有的函数不需要返回值或者是返回值类型不确定,可以用 void 表示。void 是 C 语言中的一个关键字,表示"空类型"或"无类型"。

函数名是由用户定义的标识符,在计算机高级语言中,用来对常量、变量、函数、数组等命名的有效字符序列称为标识符。换言之,标识符就是一个对象的名字。C 语言规定标识符只能由字母、数字和下划线三种字符组成,且第一个字符必须为字母或者下划线。函数名后有一个空括号,没有参数但括号不可少。"{}"中的内容称为函数体,它是函数需要执行的代码,是函数的主体部分,即使只有一个语句,函数体也要由{}包围。在函数体的声明部分,是对函数体内部所用到变量的类型说明。如果函数有返回值,在函数体中使用 return 语句返回,void 就意味着没有 return 语句。

3. 无参函数的调用

无参函数的调用格式为:

函数名()

> **注意**
> 无参函数调用时没有实际参数，但是圆括号不能省略。

还有一种特殊的函数称为空函数，比如：

```
void dummy()
{  }
```

调用此函数时，什么工作也不做，没有任何实际作用。在主调函数中写上"dummy();"表明这里要调用一个函数，而现在这个函数，没有起作用，等以后扩充函数功能时再补充上。

空函数的作用：在程序设计中往往根据需要确定若干个模块，分别由一些函数来实现。而在第一阶段只设计最基本的模块，其他一些次要功能或锦上添花的功能则在以后需要时陆续补上。在编写程序的开始阶段，可以在将来准备扩充功能的地方写上一个空函数，将来再写。

通常调用没有返回值函数的基本形式是：函数语句，即函数调用后加上";"即构成函数语句。例如："printf（"hello"）;"，"dummy();"都是以函数语句的方式调用函数。

【例1-4】 功能描述：将"向世界问好"改为函数，并在主函数中测试。

```
#include<stdio.h>
void Hello()        //函数定义
{
    printf ("Hello,world! \n");
}
main()
{
    Hello();        //函数调用语句
}
```

程序运行结果同例1-1。

任务实现

设计ATM自助存取款欢迎页面。

本任务主要通过printf函数实现欢迎页面的打印，可以在主函数中直接使用printf语句实现，也可以将打印欢迎页面定义为无参函数，在主函数中进行调用实现。本书中使用函数来实现本任务。

代码如下：

```
#include<stdio.h>
void welcome()          //定义欢迎界面welcome,该界面中输入密码
{
    printf("\t\t ************************************* \n");
```

```
    printf("\t\t* _____ *\n");
    printf("\t\t* |                                    |*\n");
    printf("\t\t* |                                    |*\n");
    printf("\t\t* |       欢迎使用建设银行ATM机         |*\n");
    printf("\t\t* |              ^_^                   |*\n");
    printf("\t\t* |                                    |*\n");
    printf("\t\t* |                                    |*\n");
    printf("\t\t* |_____|*\n");
    printf("\t\t ************************************** \n\n\n");
    printf("请输入您的密码：");
}
main()
{
    welcome();
}
```

上机实训

1. 在主函数中编写程序打印以下图形：

   *****
    *****
     *****
      *****

2. 将上述打印图形功能改写成函数，并在主函数中测试。

习题

选择题：

1. 一个 C 程序的执行是从_____。
   A．本程序的 main 函数开始，到本程序的 main 函数结束
   B．本程序文件的第一个函数开始，到本程序文件的最后一个函数结束
   C．本程序的 main 函数开始，到本程序文件的最后一个函数结束
   D．本程序文件的第一个函数开始，到本程序的 main 函数结束

2. 以下叙述不正确的是_____。
   A．一个源程序可由一个函数或者是多个函数组成
   B．一个源程序必须包含一个 main 函数
   C．C 程序的基本组成单位是函数
   D．在 C 程序中，注释说明只能位于第一条语句的后面

3. C 语言规定，在一个源程序中，main 函数的位置_____。
   A．必须在最开始   B．必须在系统调用的库函数后面

C．可以任意　　　　　　　　　　D．必须在最后
4．C语言中的标识符只能由字母，数字和下划线三种字符组成，且第一个字符_____。
A．必须为字母　　　　　　　　　B．必须为下划线
C．必须为字母或者下划线　　　　D．可以是字母、数字和下划线中任一字符

任务二　实现存取款业务

任务描述

进入 ATM 自助存取款机主页面之后，我们可以选择存款或者取款，存款实现的是加法运算，卡内余额越来越多，取款实现的是减法运算，卡内余额越来越少，但是不论是存款还是取款，根据实际要求需要满足以下条件：
（1）取款额度要小于等于卡内余额；
（2）在存取款时，存取款额度均由用户输入，且存、取款数额必须是 100 的整数倍。
以上功能如何实现呢？

知识储备

一、数据表现形式

在高级计算机语言中，数据有两种表现形式：常量和变量。
在程序运行过程中，其值不能被改变的量称之为**常量**。比如：123，-90，123.12，0.123 都是常量，数值常量就是数学中的常数。在 C 语言中常用的常量有以下几类：

1. 整型常量

如 10，123，-34，0 等都是整型常量，C 语言的整型常量有以下几种分类方法：
（1）十进制形式：十进制整数是由数字 0~9 表示，例如：34，-90，0。
（2）八进制形式：八进制整数是由数字 0~7 表示，为了与十进制形式区分，在数值前面加上数字"0"。例如：017（八进制）= $1 \times 8^1 + 7 \times 8^0 = 15$（十进制）。
（3）十六进制形式：十六进制整数是由数字 0~9 和 a~f（A~F）表示，在数值前面加上 0x（数字 0 和字母 x）。例如：0x17（十六进制）= $1 \times 16^1 + 7 \times 16^0 = 23$（十进制）。
按进制分类如表 1-1 所示。

表 1-1　整型常量按进制分类

分类	表示方法	说明	举例
十进制	一般表示形式	逢十进一，借一当十	10 表示十进制 10
八进制	以 0 开头	逢八进一，借一当八	010 表示八进制 10（十进制 8）
十六进制	以 0x 开头	逢十六进一，借一当十六	0x10 表示十六进制 10（十进制 16）

2. 实型常量

C 语言中实型常量有两种表现形式：十进制小数形式和指数形式。

（1）十进制小数形式。该形式由数字和小数点组成，小数点前表示整数部分，小数点后表示小数部分，具体格式如下：

<整数部分>.<小数部分>

其中小数点不可省略，<整数部分>和<小数部分>不可同时省略。例如 123.456，0.345，-78.987，0.0 等。

（2）指数形式，又称科学表示法。该形式包含数值部分和指数部分。数值部分表示方法同十进制小数形式，指数部分是一个可正可负的整型数，这两部分用字母 e 或者 E 连接起来（由于计算机在输入或者输出时，无法表示上标或者是下标，故规定以字母 e 或者 E 代表以 10 为底数的指数），具体格式如下：

<整数部分>.<小数部分>e<指数部分>

或者

<整数部分>.<小数部分>E<指数部分>

其中 e（E）左边部分可以是<整数部分>.<小数部分>，也可以只是<整数部分>，还可以是<小数部分>；e（E）右边部分可以是正整数或者负整数也可以是零，但不能是浮点数。如 12.34e3（代表 12.34×10^3），-345.87E-8（代表 -345.87×10^{-8}）等。

> **注意**
> 在用指数形式表示实型常量时，e 或者 E 之前必须有数字，且 e 或者 E 后面必须为整数。例如：不能写成 e2，42e2.6。

3. 字符常量

C 语言中有两种形式的字符常量：

（1）普通字符：用单撇号括起来的单个字符，例如 'd'，'7'，';' 等，不能写成 'av'，'12' 等非单个字符形式。

> **注意**
> 单撇号只是限定符，字符常量只能是一个字符，不包含单撇号。

'a'、'b'、'='、'+'、'?' 都是合法字符常量。字符常量存储在计算机的存储单元时，并不是存储字符本身，而是以其代码（ASCII 码）形式存储的。常见字符的 ASCII 码值对照表详见附录 A。例如字符 'a' 的 ASCII 码是 97，因此在存储单元中存放的是 97（以二进制的形式存放）。

在 C 语言中，字符常量有以下特点：

① 字符常量只能用单引号括起来，不能用双引号或其他括号；

② 字符常量只能是单个字符，不能是字符串；

③ 字符可以是字符集中任意字符，但数字被定义为字符型之后就不能参与数值运算。如 '5' 和 5 是不同的。'5' 是字符常量，而 5 是整型常量。

（2）转义字符：C 语言允许以字符 "\" 开头的字符序列来表示一种特殊形式的字符常量称为转义字符。例如前面已经遇到过 "\n" 中的 n 不代表字母 n，而作为"换行符"。常见的转移字符及其含义如表 1-2 所示。

表 1-2 转义字符及其含义

转义字符	输出结果	字符值
\n	将当前位置移到下一行开头	换行
\t	将当前位置移到下一个 tab 位置	水平制表符
\v	将当前位置移到下一个垂直制表对齐点	垂直制表符
\b	将当前位置后退一个字符	退格
\r	将当前位置移到本行开头	回车
\f	将当前位置移到下一页开头	换页
\?	输出此字符	一个问号（？）
\\	输出此字符	一个反斜线（\）
\'	输出此字符	一个单撇号（'）
\"	输出此字符	一个双撇号（"）
\a	产生声音或视觉信号	警告
\ddd	1～3 位八进制数所代表的字符	八进制码对应的字符
\xhh	1～2 位十六进制数所代表的字符	十六进制码对应的字符

ddd 和 hh 分别为八进制和十六进制的 ASCII 代码。如\101 代表八进制数 101 的 ASCII 值，其值是 65，从对照表中可以看到代表的是字母"A"，\102 表示字母"B"，\x41 代表十六进制数 41 的 ASCII 值，其值也是 65，代表字母"A"。

4．字符串常量

用双撇号把若干个字符括起来称之为字符串常量。字符串常量是双撇号中的全部字符，但不包括双撇号本身。例如："ab"，"CHINA"等，不能写成 'ab'，'CHINA'，单撇号内只能包含一个字符，双撇号内可以包含多个字符即一个字符串，同时 C 语言规定任何字符串都有一个结束符，"\0"（空字符）就是字符串的结束标志符号。

字符串常量和字符常量是不同的量，它们之间主要有以下区别：
（1）字符常量由单撇号括起来，字符串常量由双撇号括起来；
（2）字符常量只能是单个字符，字符串常量则可以包含一个或多个字符；
（3）可以把一个字符常量赋予一个字符变量，但不能把一个字符串常量赋予一个字符变量；
（4）字符常量占一个字节的内存空间，字符串常量占的内存字节数等于字符串中字符的个数加 1，增加的一个字节中存放字符 '\0'（ASCII 码为 0），这是字符串结束的标志。

5．变量

在程序运行过程中，其值可以被改变的量称为变量。在程序 1.2 中"int a = 5，b = 8，max；"a，b，max 等都是变量。变量代表一个有名字的、具有特定属性的一个存储单元，它用来存放数据，也就是存放变量的值。在 C 语言中，变量必须先定义，后使用，同时在定义时指定该变量的名字和类型。初学者要注意区分变量名和变量值。图 1-19 中，a 是变量名，5 是变量 a 的值，即存放在变量 a 的内存单元中的数据。变量名实际上是以名字代表的一个存储地址，程序在运行时编译系统会为变量分配相应的存储单元用来存放变量，通过变量访问其值，实际上是通过变量名找到其相应的存储单元，从该存储单元中读取值。

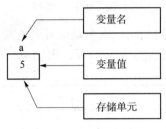

图 1-19　变量的存储

在计算机高级语言中，用来对常量、变量、函数、数组等命名的有效字符序列称为标识符。换言之，标识符就是一个对象的名字。C 语言规定标识符只能由字母、数字和下划线三种字符组成，且第一个字符必须为字母或者下划线。例如：a+b，1ed，jj？，a＞b，#34 都不是合法的标识符，sum，a_b，a3，day 等都是合法的。

> **注意**
> 在 C 语言编译系统中将大写字母和小写字母认为是两个不同的字符，因此 SUM 和 sum 是两个不同的标识符，同时在命名时不能使用 C 语言中的关键字。

C 语言中的关键字有 32 个，如表 1-3 所示。

表 1-3　C 语言关键字

auto	break	case	char	const	continue	default	unsigned
do	double	else	enum	extern	float	for	void
goto	if	int	long	register	return	short	volatile
signed	static	sizof	struct	switch	typedef	union	while

二、基本数据类型

在数学中数值是不分数据类型的，而在计算机中数据是存放在存储单元中的，而存储单元是由有限的字节构成的，每一个存储单元中存放数据的范围是有限的。所谓类型就是对数据分配存储单元的安排，包括存储单元的长度以及数据的存储形式，不同的类型因为 C 编译系统而分配不同的长度和存储形式，本书中使用的 C 编译系统是 Visual C++。C 语言中有三大基本数据类型，分别是整型数据、字符型数据和实型数据。

1. 整型数据

1）整型数据的分类

（1）基本整型（int 型）。类型名为 int，编译系统分配给基本整型数据 4 个字节（32

位），数值的取值范围是 $-2^{31}\sim 2^{31}-1$。整型数据的存储方式是：以整数的补码形式存放。一个正数的补码是此数的二进制形式，例如，10 的二进制形式是 1010，存放时其前面 28 位（总共 32 位）用 0 表示，在存储单元中数据形式如图 1-20 所示。

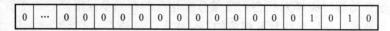

图 1-20　10 的二进制

如果是负数，应先求出负数的补码。求负数的补码方法是：先将此数的绝对值写成二进制形式，然后对其后面所有的各二进制按位取反，再加 1。求-10 的补码见以下过程：

10 的原码：

| 0 | … | 0 | 0 | 0 | 0 | 0 | 0 | 0 | 0 | 0 | 0 | 0 | 0 | 1 | 0 | 1 | 0 |

取反：

| 1 | … | 1 | 1 | 1 | 1 | 1 | 1 | 1 | 1 | 1 | 1 | 1 | 1 | 0 | 1 | 0 | 1 |

再+1，得-10 的补码：

| 1 | … | 1 | 1 | 1 | 1 | 1 | 1 | 1 | 1 | 1 | 1 | 1 | 1 | 0 | 1 | 1 | 0 |

在存储单元中最左面的一位用来表示符号位，如果该位为 0，表示数值为正；如果该位为 1，表示数值为负。

（2）短整型（short int）。类型名为 short int 或者 short。在 Visual C++中分配给短整型 2 个字节（16 位），其数值的取值范围是-32 768～32 767。

（3）长整型（long int）。类型名为 long int 或者 long。在 Visual C++中分配给长整型 4 个字节（32 位），数值的取值范围是 $-2^{31}\sim 2^{31}-1$。

2）整型数据的符号属性

在每一种整型类型中，数据都可以有正数和负数两种情况：用关键词 signed 表示有符号类型，通常可以省略；用关键词 unsigned 表示无符号类型，不能省略。如果将数据定义为 unsigned 类型，则全部的二进制都用作存放数值本身，而没有符号位。整型数据根据其符号特性分为以下 6 种类型；

（1）有符号基本整型：[signed] int;

（2）无符号基本整型: unsigned int;

（3）有符号短整型：[signed] short [int];

（4）无符号短整型：unsigned short [int];

（5）有符号长整型：[signed] long [int];

（6）无符号长整型：unsigned long [int]。

方括号表示其中的内容可以省略，也可以不省略，如果程序中未指定为 signed 也未指定为 unsigned 的，程序中默认为"有符号类型（signed）"。例如：signed int a 与 int a 等价。

整型变量的值的范围包括负数到正数（见表 1-4），本书以 Visual C++6.0 为编译环境。

表 1-4　整型数据常见的存储空间和值的范围

类型	字节数	取值范围
int（基本整型）	4	$-2^{31}\sim 2^{31}-1$
unsigned int（无符号基本整型）	4	$0\sim 2^{32}-1$

续表

类型	字节数	取值范围
short（短整型）	2	$-2^{15} \sim 2^{15}-1$ 即 $-32\,768 \sim 32\,767$
unsigned short（无符号短整型）	2	$0 \sim 2^{16}-1$ 即 $0 \sim 65\,535$
long（长整型）	4	$-2^{31} \sim 2^{31}-1$
unsigned long（无符号长整型）	4	$0 \sim 2^{32}-1$

short 的数值范围是 $-32\,768 \sim 32\,767$，unsigned short 的数值范围是 $0 \sim 65\,535$。定义短整型数据时一定要注意数值的取值范围，不然容易发生溢出的情况。

【例 1-5】 短整型数据溢出情况

```
#include<stdio.h>
void main()
{
short int a,b;
a=32 767;        //short 取值范围是-32 768～32 767，已经是最大值
b=a+1;           //在 32 767 基础上加 1 后值不在范围内，就会发生溢出
printf("a=%d,b=%d\n",a,b);
}
```

程序运行结果是：

```
a=32767,b=-32768
Press any key to continue
```

例题分析：

short 类型数据的取值范围是 $-32\,768 \sim 32\,767$，$32\,767$ 在内存中的存放形式如下：

| 0 | 1 | 1 | 1 | 1 | 1 | 1 | 1 | 1 | 1 | 1 | 1 | 1 | 1 | 1 | 1 |

b 的值是在 a 的基础上加 1，那么根据二进制的运算规则，将上述 16 位二进制数加上 1，得到的结果是：

| 1 | 0 | 0 | 0 | 0 | 0 | 0 | 0 | 0 | 0 | 0 | 0 | 0 | 0 | 0 | 0 |

而该值恰恰是 $-32\,768$ 在内存中的存放形式，为此 b 的结果是 $-32\,768$。同理，在将一个变量定义为无符号短整型后，不应赋予一个负值，否则也会发生数据溢出的情况。

【例 1-6】 无符号数据溢出情况

```
#include<stdio.h>
void main()
{
unsigned short a;
a=-1;
```

```
printf("a=%d\n",a);
}
```

程序运行结果是：

```
a=65535
Press any key to continue
```

原因请读者自行分析。

2．字符型数据

在 Visual C++中，系统为每一个字符型数据（char）分配 1 个字节（8 位）的存储单元，字符型数据在计算机存储单元中并不是存储字符本身，而是以其 ASCII 码值形式存储的。字符并不是任意一个字符程序都能识别，ASCII 字符集包括了 127 个字符，详见附录 A，其中包括：

（1）字母：大写英文字母 A～Z,小写字母 a～z。

（2）数字：0～9。

（3）专门字符 29 个：! " # ' ( ) * + − / , ; : . < = > ? [\ ] _ ^ ` { | } ~ &

（4）空字符：空格、水平制表符、垂直制表符、换行、换页。

（5）不能显示的字符：空（null）字符（以 '\0' 表示）、警告（以 '\a' 表示）、退格（以 '\b' 表示）等。

前面已经讲到字符型数据以整数形式（字符的 ASCII 码值）存放在内存单元里。例如：

小写字符 'a' 的 ASCII 码值是十进制数 97，二进制形式为 1100001；

小写字符 'b' 的 ASCII 码值是十进制数 98，二进制形式为 1100010；

大写字符 'A' 的 ASCII 码值是十进制数 65，二进制形式为 1000001；

大写字符 'B' 的 ASCII 码值是十进制数 66，二进制形式为 1000010；

数字字符 '1' 的 ASCII 码值是十进制数 49，二进制形式为 0110001；

转义字符 '\n' 的 ASCII 码值是十进制数 10，二进制形式为 0001010；

可以看到以上字符的 ASCII 码值最多用 7 个二进制位就可以表示，所有 127 个字符都可以用 7 位二进制表示（ASCII 码值为 127 时，二进制形式是 1111111，7 位全是 1）。所以在 C 语言中，指定用 1 个字节（8 位）存储一个字符，此时字节中的第一位均置为 0。

注意

小写字母与其相应大写字母的 ASCII 码值相差 32。鉴于字符型数据的存放特点，整型数据和字符型数据在某些时候可以相互通用。

例如：char c = 'a'；等价于 char c=97；//将 ASCII 码值是 97 的字符赋给了 c

3．实型数据

实型数据（也称浮点型数据）是用来表示具有小数点的实数。在 C 语言中，实数是以指数形式存放在存储单元里，而指数形式有很多种，如：3.141 59 可以表示为：3.141 59×10^0，0.314 159×10^1，31.415 9×10^{-1} 等等。在多种指数表示方式中把小数部分中小数点前的数字为 0、小数点后第一位数字不为 0 的表示形式称为规范化的指数形式，如 $0.314\,159 \times 10^1$ 是 $3.141\,59$ 的规范化指数形式，浮点型数据就是以规范化的指数形式放在存储单元中。

实型数据的分类：

（1）单精度浮点型（float）。编译系统为每个 float 型数据分配 4 个字节，数值以规范化的指数形式存放在存储单元里。在存储时系统将实型数据分解成小数和指数两部分，分别存放。小数部分的小数点前面的数为 0，例如 1.234 56 在内存中的存放形式如图 1-21 所示。

在 4 个字节（32 位）中，究竟用多少位来表示小数部分，多少位来表示指数部分，C 标准并没有具体规定，是由各个编译系统自定。由于用二进制形式表示一个实数以及存储单元的长度是有限的，小数部分占的位数愈多，数的有效数字愈多，精度也就愈高。指数部分占的位数愈多，则能表示的数值范围愈大。float 型数据能够得到 7 位有效数字，数值范围为 $-3.4 \times 10^{-38} \sim 3.4 \times 10^{38}$。

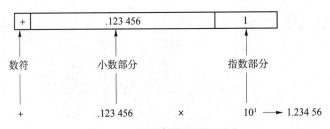

图 1-21　实型数据的存储形式

（2）双精度浮点型（double）。编译系统为每个 double 型数据分配 8 个字节，double 型数据能够得到 16 位有效数字，数值范围为 $-1.7 \times 10^{-308} \sim 1.7 \times 10^{308}$。在 C 语言中进行浮点数的算术运算时，均将 float 型数据自动转换成 double 型，然后再进行运算。

（3）长双精度型（long double）。Visual C++ 环境中对 long double 的处理同 double 一样，分配 8 个字节。

三、变量的定义与使用

变量定义的一般形式是：

数据类型变量名标识符 1，变量名标识符 2……

说明：相同类型变量定义可共用一个数据类型，变量名之间用","进行分割。

例如：

```
int a,b,c;      //a,b,c为整型变量
char x,y;       //x,y为字符型变量
float p;        //p为单精度变量
double q;       //q为双精度变量
```

变量定义后系统根据所属数据类型分配相应的存储单元，一旦有了存储单元就可以实现数据的存储，C 程序中变量有多种初始化形式：

（1）定义变量的同时进行初始化

```
int a=5,b=5;
```

> **注意**
>
> 变量在定义时不允许连续赋值,如"int a = b = 5;"是不合法的。

(2)先定义变量后进行初始化

```
char x,y;
x='A',y='B';
```

(3)可以利用一个已知的变量来给新定义的变量初始化

```
int a,b=8;
a=b;                         //将变量 b 的值赋给变量 a
```

【例 1-7】 整型变量的使用

```
#include<stdio.h>
void main()
{
int a,b,c,d;                 //定义 4 个有符号的整型变量
unsigned u;                  //定义了一个无符号的整型变量 u
a=12;b=-24;u=10;             //初始化变量
c=a+u;d=b+u;
printf("c=%d,d=%d\n",c,d);   //输出变量的值
}
```

程序运行结果:

```
c=22,d=-14
Press any key to continue
```

【例 1-8】 字符型变量的使用

```
#include<stdio.h>
void main()
{
char a,b;                    //定义 2 个字符型变量
a='A';                       //运用字符数据初始化变量 a
b=97;                        //运用整型数据即其 ASCII 码值初始化变量 b
printf("%d,%d\n",a,b);       //输出字符变量所对应的 ASCII 码值
printf("%c,%c\n",a,b);       //输出字符本身
}
```

程序运行结果:

```
65,97
A,a
Press any key to continue
```

【例 1-9】 字符型和整型数据的运算

```c
#include<stdio.h>
void main()
{
    char a,b;                    //定义 2 个字符型变量
    a='a';                       //运用字符数据初始化变量 a，等价于 a=97;
    b=a-32;                      //字符型数据与整数进行减法运算
    printf("%d,%d\n",a,b);       //输出字符变量所对应的 ASCII 码值
    printf("%c,%c\n",a,b);       //输出字符变量的值
}
```

程序运行结果：

```
97,65
a,A
Press any key to continue
```

【例 1-10】 实型数据的精度问题

```c
#include<stdio.h>
void main()
{
    float a;
    double b;
    a=33333.33333;               //10 位有效数字，而单精度型数据的有效位数只有 7 位
    b=33333.33333333333333;      //19 位有效数字，双精度数据的有效位数 16 位
    printf("%f\n%f\n",a,b);      //%f 输出的小数位数只有 6 位
}
```

程序运行结果：

```
33333.332031
33333.333333
Press any key to continue
```

四、不同类型数据间的混合运算

1. 自动类型转换

在程序中，经常是多种数据类型的变量一同参与运算，例如：9*8.6+'a'，如果同一运算符的两侧出现的数据类型不同，则需要将两者转换成同一类型再进行运算。C 语言中数据转换的方法有两种，一种是自动转换，一种是强制转换。自动转换发生在不同数据类型的值混合运算时，由编译系统自动完成，自动转换遵循以下规则：

（1）若参与运算的量的类型不同，则先转换成同一类型，然后进行运算。

（2）转换按数据长度增加的方向进行，以保证精度不降低。如 int 型和 long 型运算时，先把 int 型转成 long 型后再进行运算。

（3）所有的浮点数运算都是以双精度进行的，即使仅含 float 单精度量运算的表达式，也要先转换成 double 型，再做运算。

（4）char 型和 short 型参与运算时，必须先转换成 int 型。

（5）char 型数据进行运算时，参与运算的是字符的 ASCII 码值。例如：90-'A'，由于'A'的 ASCII 码值是 65，因此 90-'A'相当于 90-65 等于 25。字符型数据可以直接与整型数据进行运算，如果字符型数据和实型数据进行运算，则先将字符的 ASCII 码值转换成 double 型数据，然后进行运算。

（6）在赋值运算中，赋值号两边量的数据类型不同时，赋值号右边量的类型将转换为左边量的类型。如果右边量的数据类型长度比左边长时，将丢失一部分数据，这样会降低精度，丢失的部分按四舍五入向前舍入。图 1-22 表示了类型自动转换的规则。

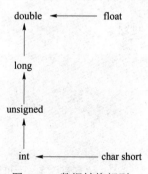

图 1-22　数据转换规则

解释说明：其中横向的转换是必定的转换，如 char 型数据参与运算时必须先将其转换为整型后再进行运算；纵向的转换代表的是级别的高低，即低级别的与高级别的数据进行运算，先将低级别的转换为高级别的之后再进行运算。比如：char 型数据和 long 型数据进行运算，首先 char 型数据先转换成 int 型数据，之后 int 型数据转换成 long 型数据再与 long 型数据进行运算。再比如：float 型数据和 float 型数据进行运算，都先将 float 转换成 double 再进行运算。

2. 强制类型转换

可以利用强制类型转换运算符将一个表达式转换成所需要的类型。其一般形式为：

（类型说明符）（表达式）

其功能是把表达式的运算结果强制转换成"类型说明符"所表示的类型。

例如：

| (float)y | 把 y 转换为实型 |
| (int)(a+b) | 把 a+b 的结果转换为整型 |

在使用强制转换时应注意以下问题：

（1）类型说明符和表达式都必须加括号(单个变量可以不加括号)，如把(int)(x+y)写成(int)x+y，则成了把 x 转换成 int 型之后再与 y 相加。

（2）无论是强制转换或是自动转换，都只是为了本次运算的需要而对变量的数据长度进行的临时性转换，而不改变数据说明时对该变量定义的类型。

【例 1-11】 强制类型转换运算符的使用

```c
#include<stdio.h>
void main()
{
float a;                        //定义单精度类型变量
int b;                          //定义整型变量
a=3.6;
b=(int)a;                       //将单精度变量 a 强制转换成整型
printf("a=%f, b=%d\n",a,b);     //输出两个变量的值
}
```

程序运行结果是：

```
a=3.600000, b=3
Press any key to continue
```

五、数据输入与输出

1. 数据输入输出的基本概念

从前面程序中可以看到，几乎每一个程序都包含数据的输入输出。程序中要实现数据的基本运算，就需要对数据进行输入操作，运算完成后要输出运算结果，一个程序如果没有输出是没有任何意义的，输入输出是程序中最基本的操作之一。输入输出均是以计算机主机为主体。从输入设备（常见的输入设备是键盘、扫描仪等）向计算机输入数据的过程称为输入，从计算机输出设备（常见的输出设备是显示器、打印机等）输出数据的过程称为输出。

C 语言本身并不提供输入/输出语句，输入和输出操作是由库函数来实现的。标准库函数中提供许多实现输入/输出操作的函数，使用这些标准输入/输出函数时，只要在程序的开始

位置加上如下编译预处理命令即可:

#include＜stdio.h＞ 或 #include"stdio.h"

它的作用是：将输入/输出函数的头文件 stdio.h 包含到用户源文件中。其中，h 是 head 的简写，意为头文件；std 是 standard 的简写，意为标准；i 是 input 的简写，意为输入；o 是 output 的简写，意为输出。C 语言的标准输入输出库函数主要包括的输入输出函数有：putchar（字符输出函数）、getchar（字符输入函数）、printf（格式输出函数）、scanf（格式输入函数）、gets（字符串输入函数）、puts（字符串输出函数）等，本节只介绍前四种最基本的输入输出函数，后两种将在后面任务进行介绍。

2. 字符数据的输入输出函数

1）字符输出函数

putchar 函数是单个字符输出函数，其一般形式如下：

putchar(c);   //每个 putchar 函数只能输出一个字符

（1）当 c 为一个被单引号（英文状态下）引起来的字符时，输出该字符（注：该字符也可为转义字符）；

（2）当 c 为一个介于 0~127（包括 0 及 127）的十进制整型数时，它会被视为对应字符的 ASCII 代码，输出该 ASCII 代码对应的字符；

（3）当 c 为一个事先用 char 定义好的字符型变量时，输出该变量所指向的字符。

例如：

```
putchar('A');        （输出大写字母 A）
putchar(97);         （输出小写字母 a）
putchar(x);          （输出字符变量 x 的值）
putchar('\n');       （输出换行，对控制字符则执行控制功能，不在屏幕上显示）
```

> **注意**
> 使用字符输出函数时，必须在程序的前面加上头文件#include ＜stdio.h＞或#include "stdio.h"。

【例 1-12】 使用 putchar 函数输出单词"BOY"

```
#include<stdio.h>
void main()
{
char a,b,c;
a='B',b='O',c='Y';
putchar(a),putchar(b),putchar(c);
putchar('\n');                    //输出换行符
}
```

以上程序可以不用定义变量，直接使用 putchar 函数输出相应的字符也可以实现。

2）字符输入函数

getchar 函数是单个字符输入函数，其一般形式如下：

    getchar();   //每个 getchar 函数只能输入一个字符

该函数从标准输入设备（一般为键盘）上输入一个可打印的字符，并将该字符返回为函数的值，通常把函数的返回值赋予一个字符变量，构成赋值语句，如：

```
char c;
c=getchar();
```

使用 getchar 函数还应注意几个问题：

（1）getchar 函数只能接受单个字符，输入数字也按字符处理。输入多于一个字符时，只接收第一个字符。

（2）使用本函数前必须包含文件"stdio.h"。

（3）该函数的括号内无参数。

【例 1-13】 运用 getchar 输入单个字符并显示

```
#include<stdio.h>
void main()
{
    char c;
    printf("input a character\n");
    c=getchar();
    putchar(c);
}
```

【例 1-14】 从键盘输入一个大写字母，输出其对应的小写字母

例题分析：使用 getchar 函数从键盘得到一个大写字母，依据大小写字母的 ASCII 码值相差 32 的特点，把大写字母转换成小写字母，然后使用 putchar 函数输出该小写字母。

变量的定义：定义两个字符型变量分别用来存放输入的大写字母和对应的小写字母。

```
#include<stdio.h>
void main()
{
    char c1,c2;
    printf("input a character\n");
    c1=getchar();           //getchar 函数得到一个大写字母
    c2=c1+32;               //将大写字母转换成对应的小写字母
    putchar(c2);
    putchar('\n');
}
```

程序运行结果是：

```
input a character
F
f
Press any key to continue
```

3. 格式输出——printf 函数

printf 函数称为格式输出函数，其功能是按用户指定的格式，把指定的数据输出到默认的终端。

1）printf 函数调用的一般形式

printf 函数是一个标准库函数，它的函数原型在头文件"stdio.h"中。

printf 函数调用的一般形式为：

printf（"格式控制字符串"，输出表列）

其中，格式控制字符串用于指定输出格式，格式控制串可由格式字符串和字符串常量两种组成。格式字符串是以%开头的字符串，在%后面跟有各种格式字符，以说明输出数据的类型、形式、长度、小数位数等。如：

"%d"表示按十进制整型输出；

"%ld"表示按十进制长整型输出；

"%c"表示按字符型输出；

"%f"表示按照实型数据默认有 6 位小数形式输出。

字符串常量形式在第一部分已经讲解，在输出时原样照印，在显示中起提示作用。如：

printf（"hello\n"）;   //属于字符串常量，原样输出

输出表列中给出格式控制字符串中的各个输出项，要求格式字符串和各输出项在数量和类型上应该一一对应。

2）格式字符串

格式字符串的一般形式为：

[标志][输出最小宽度][．精度][长度]类型

其中，方括号[]中的项为可选项。

各项的意义介绍如下：

（1）类型。类型字符用以表示输出数据的类型，其格式符和意义如表 1-5 所示。

表 1-5 输出格式字符含义

格式字符	意　义
d	以十进制形式输出带符号整数（正数不输出符号）
o	以八进制形式输出无符号整数（不输出前缀 0）
x,X	以十六进制形式输出无符号整数（不输出前缀 ox）
u	以十进制形式输出无符号整数
f	以小数形式输出单、双精度实数，小数点默认 6 位小数
e, E	以指数形式输出单、双精度实数
c	输出单个字符
s	输出字符串

这里需要注意的是：%o，%x 在输出时均输出其无符号的整数，为此我们在使用整数时，如果数据有符号，一般情况下都使用%d 的形式进行处理。

【例 1-15】 使用%o，%x 输出数据

```
#include<stdio.h>
void main()
{
int a,b,c;
a=100;
b=120;
c=90;
printf("%d  %o  %x\n",a,b,c);    //使用%o,%x输出有符号的数据
}
```

程序运行结果：

```
100  170  5a
Press any key to continue
```

【例 1-16】 使用%o，%x 输出数据

```
#include<stdio.h>
void main()
{
int a,b,c;
a=100;
b=-120;
c=-90;
printf("%d  %o  %x\n",a,b,c);    //使用%o,%x输出有符号的数据
}
```

程序运行结果：

```
100  37777777610  ffffffa6
Press any key to continue
```

通过以上程序的运行可以看到%o，%x 是以无符号整数形式进行输出。

（2）标志。标志字符为-、+、#、空格四种，其意义如表 1-6 所示。

表 1-6 标志字符含义

标志	意　义
-	结果左对齐，右边填空格
+	输出符号（正号或负号）

续表

标 志	意 义
空格	输出值为正时冠以空格,为负时冠以负号
#	对 c, s, d, u 类无影响;对 o 类,在输出时加前缀 o;对 x 类,在输出时加前缀 0x;对 e, g, f 类当结果有小数时才给出小数点

(3)输出最小宽度。用十进制整数来表示输出的最少位数。若实际位数多于定义的宽度,则按实际位数输出,若实际位数少于定义的宽度则补以空格或者 0。例如,有以下语句:

```
int a=67;printf("%3d\n",a);
```

分析:变量 a 的宽度是 2,而输出函数中要求最小宽度是 3 个宽度,应当在左侧补一个空格以达到 3 个宽度,所以输出结果是:

□67

将上述语句改为:int a = 67;printf("%03d\n", a);

分析:同样要求数据输出的最小宽度为 3 个宽度,但是在输出格式中加了 0,为此补位的将是 0 而不是空格,输出结果是:

067

有如下语句:int a = 67;printf("%-3d\n", a);

分析:在最小宽度前面加了负号,基本含义是结果左对齐,右边填空格,结果是:

67□

将上述语句改为:int a = 67;printf("%-03d\n", a);

分析:在给数据定义最小宽度以及填充数字 0 时,以保持源数据不变为基本原则,所以在数据的右侧不能加 0,输出结果仍然是:

67□

(4)精度。精度格式符以"."开头,后跟十进制整数。本项的意义是:如果输出数字,则表示小数的位数;如果输出的是字符,则表示输出字符的个数;若实际位数大于所定义的精度数,则截去超过的部分。

例如:float a = 123.457;

```
printf("%.2f\n",a);
```

要求小数点后输出两位小数,为此输出时采取四舍五入的方式取前两位的小数部分,输出的结果是 123.46。

(5)长度。长度格式符为 h,l 两种,h 表示按短整型量输出,l 表示按长整型量输出。

【例 1-17】 定义整型变量 a 并赋值为 15,实型变量 b 并赋值为 123.123 456 7,双精度型变量 c 并赋值为 123 456 78.123 456 7,字符型变量 d 并赋值为 'p',按各种格式输出它们的值。

```
main()
{
    int a=15;
    float b=123.1234567;
    double c=12345678.1234567;
    char d='p';
    printf("a=%d,a=%5d\n",a,a);
    printf("b=%f,b=%lf,b=%5.4lf,b=%e\n",b,b,b,b);
    printf("c=%lf,c=%f,c=%8.4lf\n",c,c,c);
    printf("d=%c,d=%8c\n",d,d);
}
```

程序运行结果是:

```
a=15,a=   15
b=123.123459,b=123.123459,b=123.1235,b=1.231235e+002
c=12345678.123457,c=12345678.123457,c=12345678.1235
d=p,d=       p
Press any key to continue_
```

4. 格式输入——scanf 函数

scanf 函数称为格式输入函数，概括来讲就是通过键盘给程序中的变量赋值。

1）scanf 函数的一般形式

scanf 函数是一个标准库函数，它的函数原型在头文件"stdio.h"中，一般形式为：

scanf（"格式控制字符串"，地址表列）；

功能：将从键盘输入的字符转化为"格式控制字符串"所规定格式的数据，然后存入以表列的值为地址的变量中。其中，格式控制字符串的作用与 printf 函数相同，但不能显示非格式字符串，也就是不能显示提示字符串。地址表列中给出各变量的地址，地址是由地址运算符"&"后跟变量名组成的。例如，&a 和&b 分别表示变量 a 和变量 b 的地址。

2）格式字符串

格式字符串的一般形式为：

%［*］［输入数据宽度］［长度］类型

其中，有方括号[]的项为任选项，各项的意义如下：

（1）类型。表示输入数据的类型，其格式符和意义如表 1-7 所示。

表 1-7 输入格式说明

格式	字符意义
d	输入十进制整数
o	输入八进制整数
x	输入十六进制整数
u	输入无符号十进制整数

续表

格式	字符意义
f 或 e	输入实型数(用小数形式或指数形式)
c	输入单个字符
s	输入字符串

(2)"*"符。用以表示该输入项,读入后不赋予相应的变量,即跳过该输入值。如:

```
scanf("%d %*d %d",&a,&b);
```

当输入为:1 2 3时,把1赋予a,2被跳过,3赋予b。

(3)宽度。用十进制整数指定输入的宽度(即字符数)。

例如:scanf("%5d",&a);

若输入:123 456 78

只把123 45赋予变量a,其余部分被截去。

又如:scanf("%4d%4d",&a,&b);

若输入:123 456 78

将把123 4赋予a,而把567 8赋予b。

(4)长度。长度格式符为l,l表示输入长整型数据(如%ld)和双精度浮点数(如%lf)。

使用scanf函数还必须注意以下几点:

①scanf函数中没有精度控制,如:scanf("%5.2f",&a);是非法的,不能企图用此语句输入小数为2位的实数。

②scanf中要求给出变量地址,如给出变量名则会出错。如 scanf("%d",a);是非法的,应改为scanf("%d",&a);才是合法的。

③在输入多个数值数据时,若格式控制串中没有非格式字符作输入数据之间的间隔则可用空格,TAB或回车作间隔。C编译在碰到空格、TAB、回车或非法数据(如对"%d"输入"12A"时,A即为非法数据)时即认为该数据结束。

④在输入字符数据时,若格式控制串中无非格式字符,则认为所有输入的字符均为有效字符。

例如:scanf("%c%c%c",&a,&b,&c);

若输入为:d□e□f

则把'd'赋予a,'□'赋予b,'e'赋予c。只有当输入为:

```
def
```

时,才能把'd'赋予a,'e'赋予b,'f'赋予c。如果在格式控制中加入空格作为间隔,如:

scanf("%c□%c□%c",&a,&b,&c);则输入时各数据之间可加空格。

⑤如果格式控制串中有非格式字符,则输入时也要输入该非格式字符。例如:

scanf("%d,%d,%d",&a,&b,&c);其中用非格式符","作间隔符,故输入时应为:5,6,7

又如:scanf("a=%d, b=%d, c=%d",&a,&b,&c);

则应输入:a=5, b=6, c=7

⑥如输入的数据与输出的类型不一致，虽然编译能够通过，但结果将不正确。
⑦在使用 scanf 之前一般使用 printf 提示输入。

【例 1-18】 从键盘上输入三个整数，再进行输出

```
#include<stdio.h>
void main()
{
    int a,b,c;
    printf("\n请输入三个整数:");
    scanf("%d%d%d",&a,&b,&c);
    printf("a=%d,b=%d,c=%d\n",a,b,c);
}
```

程序运行结果是：

```
请输入三个整数:5 7 9
a=5,b=7,c=9
Press any key to continue
```

程序中，scanf 语句中格式控制字符串是"%d%d%d"，对于数值型数据在输入时需要用空格、Tab 或者是回车做间隔。

【例 1-19】 从键盘上输入两个字符，再进行输出

```
#include<stdio.h>
void main()
{
    char a,b;
    printf("请输入字符 a,b\n");
    scanf("%c%c",&a,&b);       //格式控制字符串中%c 没有间隔，则所有输入均认为是有效字符
    printf("%c%c\n",a,b);
}
```

请读者自行上机实现，并注意输入格式。

【例 1-20】 输入一个大写字母将其转换成小写字母并输出

```
#include<stdio.h>
void main()
{
    char c1,c2;
    printf("请输入一个大写字母：\n");
    scanf("%c",&c1);
    c2=c1+32;                  //将大写字母转换成小写字母
```

```
    printf("%c\n",c2);
}
```

程序运行结果是:

```
请输入一个大写字母:
D
d
Press any key to continue
```

六、运算符

几乎每一个程序都需要进行运算,对数据进行加工,否则程序就没有实际意义了。C 语言中运算符的范围很宽广,把除了控制语句和输入输出以外的几乎所有的基本操作都作为运算符处理。由运算符将操作数连接起来符合 C 语法规则的表达式称为 C 表达式。

C 语言中运算符和表达式数量之多,在高级语言中是少见的。正是丰富的运算符和表达式使 C 语言功能十分完善,这也是 C 语言的主要特点之一。

运算符可按其优先级的高低分为 15 类,优先级最高的为 1 级,其次为 2 级,具体详见附录 C。C 语言的运算符不仅具有不同的优先级别,而且还有一个特点,就是它的结合性。在表达式中,各操作数参与运算的先后顺序不仅要遵守运算符优先级别的规定,还要受运算符结合性的制约,以便确定是"自左向右"(称左结合性)进行运算还是"自右向左"(称右结合性)进行运算。这种结合性是其他高级语言的运算符所没有的,因此也增加了 C 语言的复杂性。

运算符可按其参与运算的操作数个数分为三类:单目运算符(一个操作数)、双目运算符(两个操作数)和三目运算符(三个操作数)。

运算符还可以按照其功能分为算术运算符、关系运算符、逻辑运算符、赋值运算符、条件运算符等等,后面就按其功能分类介绍常用的运算符及其所构成的表达式。

七、赋值运算符

赋值操作是程序设计中最常用的操作之一,C 语言共提供了 11 个赋值运算符,均为双目(参与运算的操作数是两个,称为双目)运算符,其中仅有一个为基本赋值运算符"=",其余 10 个均是复合赋值运算符,即:

基本赋值运算符:=

复合赋值运算符:+=(加赋值)、-=(减赋值)、*=(乘赋值)、/=(除赋值)、%=(求余赋值)、<<=(左移赋值)、>>=(右移赋值)、&=(按位与赋值)、|=(按位或赋值)、^=(按位异或赋值)。

1. 基本赋值运算符

赋值运算符记为"=",由"="连接的表达式称为赋值表达式。赋值表达式的一般形式为:

变量=表达式

其功能是将右侧表达式的值赋给左侧的变量，求解过程是：先求赋值运算符右侧表达式的值，然后将值赋给赋值运算符左侧的变量，整个表达式的结果是左侧变量的值。

> **注意**
>
> （1）赋值运算符左侧是一个可修改的"左值"，则该值必须是一个变量，常量或者表达式都不能作为"左值"。
> （2）赋值运算符具有"右结合性"，即"自右向左"进行计算。如 int a = 5；表示把 5 赋值给整型变量 a，不能读成"a 等于 5"。
> （3）赋值运算符的优先级仅高于逗号运算符（该运算符在后面会介绍）。

例如：

```
int a,b;      //定义整型变量 a 和 b
a=3;          //把常量 3 赋值给 a，右值为常量
b=a;          //把变量 a 的值赋给 b，右值为变量
b=a+3;        //把求和表达式 a+3 的值赋给 b，右值为表达式
```
a+b=c,9=a+c 都是错误的赋值表达式，左值不能是表达式。

【例 1-21】 基本类型变量使用赋值运算符

```
#include<stdio.h>
void main()
{
char c='A';   //简单的变量定义以及初始化
int a=3;
float f=3.5;
printf("a=%d,c=%c,f=%.2f\n",a,c,f);
}
```

程序运行结果是：

```
a=3,c=A,f=3.50
Press any key to continue
```

【例 1-22】 将一个已经初始化变量赋给另一个变量

```
#include<stdio.h>
void main()
{
int a=5,b=5,c;
c=a;                    //用一个已知的变量来进行初始化
printf("a=%d,b=%d,c=%d\n",a,b,c);
```

}

程序运行结果是:

```
a=5,b=5,c=5
Press any key to continue
```

例题分析:如果对几个变量赋予同一初值,可以写成:

int a=5,b=5;   //等价于 int a,b;a=5,b=5;表示变量的初值均是 5

不能写成:

int a=b=5;

可以写成:

int a,b;
a=b=5;

赋值表达式中的"表达式",又可以是一个赋值表达式,如"a = b = 5",依据赋值运算符的右结合性首先计算"b = 5",该表达式是一个赋值表达式,它的值等于 5。然后再计算"a = 5",下面是赋值表达式的例子:

a=b=c=8   (赋值表达式的值是 8,a,b,c 的值均为 8)
a=7+(c=8)   (表达式的值是 15,a 的值是 15,c 的值是 8)
a=(b=6)+(c=7)   (表达式的值是 13,a 的值是 13,b 的值是 6,c 的值是 7)
a=(b=14)/(c=7)   (表达式的值是 2,a 的值是 2,b 的值是 14,c 的值是 7)

2. 复合赋值运算符

在赋值符"="之前加上其他双目运算符,可以构成复合赋值运算符。如"+=,-=,*=,/=,%="等。
构成复合赋值表达式的一般形式为:变量#双目运算符=表达式
等价于:变量=变量#运算符#表达式
例如:

a+=5   等价于 a=a+5
x*=y+7   等价于 x=x*(y+7)
r%=p   等价于 r=r%p

注意

运算符右侧的表达式如果包含了若干项,右侧会被当作为一个整体。

C 语言采取这种复合运算符,一是为了简化程序,使程序精练;二是为了提高编译效率，能产生质量较高的目标代码。

赋值表达式也可以包含复合赋值运算符，例：a+=a-=a*a，如果 a 的初始值为 3，则计算表达式值的过程如下：

分析：根据赋值运算符的"右结合性"特点，先进行"a-=a*a"的计算，它相当于 a=a-a*a，a 的值为 3-9=-6；再进行"a+=-6"的运算，它相当于 a=a-6，a 的值是-6-6 为-12，则表达式的值也为-12。

复合赋值运算符的写法初学者可能不习惯，但十分有利于编译处理，能提高编译效率并产生质量较高的目标代码。

【例 1-23】 赋值运算符综合使用

```c
#include<stdio.h>
void main()
{
    int a,m=3,n=4;          //定义整型变量
    a=m;
    printf("a=%d\n",a);
    a*=m+n;                 //复合的赋值运算，相当于 a=a*(m+n)
    printf("a=%d\n",a);
}
```

程序运行结果是：

```
a=3
a=21
Press any key to continue
```

八、算术运算符

1. 基础运算符

算术运算符按操作数个数可分为单目运算符（含一个操作数）和双目运算符（含两个操作数），其中单目运算符的优先级一般高于双目运算符。

单目运算符：+（正号）、-（负号）、++（增 1）、--（减 1）。

双目运算符：+（求和）、-（求差）、*（求积）、/（求商）、%（求余）。

常见运算符的基本用法如表 1-8 所示。

表 1-8 常见运算符的基本用法

运算符	含义	举例	结果
+	正号运算符（单目运算符）	+a	a 的值
-	负号运算符（单目运算符）	-a	a 的负值

续表

运算符	含义	举例	结果
*	乘法运算符（双目运算符）	a*b	a和b的乘积
/	除法运算符（双目运算符）	a/b	a除以b的商
%	求余运算符（双目运算符）	a%b	a除以b的余数
+	加法运算符（双目运算符）	a+b	a和b的和
-	减法运算符（双目运算符）	a-b	a和b的差

> **注意**
>
> （1）双目运算符优先级：*、/、%同级，+、-同级，前者高于后者。
>
> （2）结合性。双目运算符的结合性是左结合性。例如：表达式 x*y/z-6.5+'f'，首先依据双目运算符中"乘、除、求余高于加、减"的规则先计算子表达式"x*y/z"，乘、除是同一优先等级，就要考虑算术运算符的结合性（左结合性），先计算乘法再计算除法，得到结果后按照从左向右依次计算加减法。
>
> （3）除法运算。两个实数相除的结果是双精度实数，两个整数相除的结果是整数。如1/3.0的值为0.333 333，3/5的值为0，-5/3的结果为-1。同时除法结果的正负取决于除数和被除数两个数的符号，遵循"同号为正，异号为负"原则。
>
> （4）求余运算（%）。"%"要求参加运算的操作数必须是整数，同时结果也是整数。但是结果的正负只取决于被除数的正负。例如：5%3 结果为 2，-5%3 结果为-2，5%-3 结果为2，-5%-3 结果为-2。

【例1-24】 求余运算符的使用

```
#include<stdio.h>
void main()
{
    int a,b,c;
    a=5;
    b=8;
    c=-a%b;        //求-5%8 余数
    printf("c=%d\n",c);
    c=a%-b;        //求 5%-8 余数
    printf("c=%d\n",c);
    c=-a%-b;       //求-5%-8 余数
    printf("c=%d\n",c);
}
```

程序运行结果是：

```
c=-5
c=5
c=-5
Press any key to continue
```

> **提示**
>
> 求余运算的符号取决于被除数的符号,这一点和乘除运算不同。

【例1-25】 两个整数相除

```c
#include<stdio.h>
void main()
{
    int a;
    a=1/3;                //两个整数相除
    printf("a=%d\n",a);
}
```

程序运行结果是:

```
a=0
Press any key to continue
```

【例1-26】 给定一个小写字母,要求将字母的大小写字母输出。

例题分析:字符型数据在内存中以其 ASCII 码值形式存放,而整型数据在内存中以其二进制的补码形式存放,形式与整数的存储形式相同,所以字符型数据和整型数据之间可以相互赋值和运算。同一字母大写的 ASCII 码值比相对应小写的 ASCII 码值小 32,因此可以根据这一特性完成大小写字母的相互转换。

```c
#include<stdio.h>
void main()
{
char c;
c='g';
printf("小写字母=%c,大写字母=%c\n",c,c-32);
}
```

程序运行结果是:

```
小写字母=g,大写字母=G
Press any key to continue
```

【例1-27】 输入一个 3 位整数,请分别输出其个位、十位以及百位上的数字。

```c
#include<stdio.h>
void main()
{
```

```
    int num,dig_1,dig_2,dig_3;
    printf("请输入一个三位数：");
    scanf("%d",&num);
    dig_3=num/100;         //整数除以 100 可以的到百位数字
    //整数除以 10 可以得到前两位数字，若要得到十位数需要求余运算
    dig_2=num/10%10;
    dig_1=num%10;          //个位数对 10 进行求余即可得到
    printf("个位数是%d,十位数是%d,百位数是%d\n",dig_1,dig_2,dig_3);
}
```

程序运行结果是：

```
请输入一个三位数：891
个位数是1,十位数是9,百位数是8
Press any key to continue_
```

2. 自增、自减运算符

自增（自减）运算的作用是使变量的值加 1（减 1），属于单目运算符，有两种表示形式：

前缀形式：++i，--i

后缀形式：i++，i--

（1）前缀形式运算：自加、自减运算符在变量前面

有如下变量定义：

```
int  i=5,j;
j=++i;
```

前缀形式的运算规则是：首先执行 i 自加，即 i=i+1，再使用 i 的值，此时++i 的值是 i 自加后的值，简单说就是先自加后赋值。

赋值运算符的优先级要低于算术运算符，为此语句"j=++i;"的计算顺序是：i 的值先自加变成 6，然后使用 i 的值，则++i 表达式的值为 6，再将++i 赋给了 j，j 的值就是 6。

浮点型变量也同样支持自增量运算，但是在实际编程中应该尽量避免对浮点型变量进行该运算。

（2）后缀形式运算：自加、自减运算符在变量后面

有如下变量定义：

```
int   i=5,j;
j=i++;
```

后缀式的运算规则是：首先使用 i 的值，即 i++的值就是 i 未变化之前的值，再执行 i 自加的运算，即 i=i+1，简单说就是先赋值，后自加。

语句"j=i++;"的计算顺序是：先使用 i 的值，将 i 的值 5 赋给 i++，则 i++表达式的值为 5，将 i++的值赋给 j，则 j 的值为 5，最后 i 自加变为 6，简单说就是先赋值后自加。

自减的运算规则同自加，只是执行时是将值减 1，而不是加 1。

从上面两个例子中可以看出，不管是前缀运算还是后缀运算，对于变量 i 来讲没有任何的区别，只是表达式的值会依据自加（自减）运算符的位置而有所不同。

> **注意**
> ①自加、自减运算只能用于变量，而不能用于常量或者表达式。例如：9++或者(a+b)++都是不合法的。
> ②不管是自加还是自减，对于运算变量来讲，结果是一样的，都会使变量加 1 或者减 1，不同的是前缀和后缀表达式的结果不同。

【例1-28】 自加和自减运算

```c
#include<stdio.h>
void main()
{
    int m=3,n=4,a,b;    //定义整型变量
    a=++m;              //自加的前缀运算
    b=n--;              //自减的后缀运算
    printf("%d,%d\n",a,b);
    printf("%d,%d\n",m,n);
}
```

程序运行结果是：

```
4,4
4,3
Press any key to continue
```

> **提示**
> 在自加（自减）运算中，对于变量来讲，不管是前缀运算还是后缀运算，变量都要实现自加 1（自减 1），唯一不同的是前缀表达式和后缀表达式的值。前缀表达式的值是加（减）后变量的值，后缀表达式的值是加（减）前变量的值。

【例1-29】 算术运算符混合运算

```c
#include<stdio.h>
void main()
{
    int a,m=3,n=4;              //定义整型变量
    a=7*2+-3%5-4/3;             //取负、求余运算、乘除法运算
    printf("a=%d\n",a);
    a=m++-(--n);
    printf("a=%d,m=%d,n=%d\n",a,m,n);
}
```

程序运行结果是:

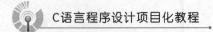

> **提示**
>
> 本题目中第 5 行,算术运算符中单目运算符取负("-")优先级别最高,要首先计算,之后乘、除以及求余运算按照运算符的结合性是从左向右的顺序依次计算。

九、关系运算符

在程序中经常需要比较两个运算量的大小关系,以决定程序下一步的工作。"关系运算"实际上就是"比较运算",比较两个量大小关系的运算符称为关系运算符,而由关系运算符连接起来的表达式称为关系表达式。在 C 语言中有以下 6 种关系运算符:

＜(小于),＜=(小于或等于),＞(大于),＞=(大于或等于),==(等于),! =(不等于)

关系运算符都是双目运算符,按照"从左向右"(左结合性)进行运算,其优先级如下:

(1)关系运算符的优先级低于算术运算符。

(2)关系运算符的优先级高于赋值运算符。

(3)在 6 个关系运算符中,＜、＜=、＞、＞=的优先级相同,==、!=优先级相同,而前者优先级高于后者。

例如:

```
a+b>c-d       //算术高于关系,等价于(a+b)>(c-d)
x>3/2         //等价于 x>(3/2)
'a'+1<c       //等价于('a'+1)<c
```

关系表达式的值是一个逻辑值,主要用来表示该表达式的关系是否成立,其值要么是"真"要么是"假",在 C 语言中关系运算用"1"代表"真",用"0"代表"假"。

例如:表达式"5＞0"的关系成立,则表达式的值是"真",用 1 来表示表达式的值;表达式"(a=3)＞(b=5)"的值:由于 3＞5 不成立,故表达式不成立,其值为假,则表达式的值为 0。

关系表达式中的"表达式"也可以是关系表达式,允许出现表达式嵌套的情况。例如:有变量 a＝4,b＝3,c＝2,表达式 a>b>c 的值为 0。

具体计算过程如下:

首先依据关系运算符的左结合性,表达式 a>b>c 等价于(a>b)>c,即首先计算子表达式"a>b"即 4>3 关系成立,其值是 1,再计算"1>c"的值,显然关系不成立,从而得到整个表达式的值为 0。

【例 1-30】 关系与赋值混合运算

```
#include<stdio.h>
```

```c
void main()
{
int a=3,b=4,c=5,d;
d=a<b;        //关系运算符等级高于赋值运算符，表达式的值赋给变量 d
printf("d=%d\n",d);
d=a>b>c;
printf("d=%d\n",d);
}
```

程序运行结果是:

```
d=1
d=0
Press any key to continue
```

【例 1-31】 关系、算术以及赋值混合运算

```c
#include<stdio.h>
void main()
{
char x='m',y='n';
int t;
t=x<y;        //比较字符型数据的 ASCII 码值
printf("t=%d\n",t);
t=x==y-1;
printf("t=%d\n",t);
t=('y'!= 'Y')+(5>3)+(y-x==1);
printf("t=%d\n",t);
}
```

程序运行结果是:

```
t=1
t=1
t=3
Press any key to continue
```

十、逻辑运算符

1. 逻辑运算符及其优先级

在程序设计中，有时要求判断的条件不是一个简单条件，而是由若干个给定的简单条件

组成的复合条件。例如:"如果周三不下雨,我就去动物园玩"。这是由两个简单条件组合而成的复合条件,需要判断两个条件:①是否是周三;②是否下雨。只有这两个条件都满足,才会去动物园玩,在 C 语言中使用逻辑运算符来完成这些复合的条件运算。

C 语言中提供了三种逻辑运算符:

&& 逻辑与运算

|| 逻辑或运算

!   逻辑非运算

逻辑与运算符"&&"和逻辑或运算符"||"均为双目运算符,具有"左结合性"(从左向右)。逻辑非运算符"!"为单目运算符,具有"右结合性"(从右向左)。三者的优先级是:!→&&→||。逻辑运算符和其他运算符优先级的关系如图 1-23 所示。

图 1-23 运算符优先级

按照运算符的优先顺序可以得出以下表达式的等价形式:

a>b&&c>d   等价于   (a>b)&&(c>d)

!b==c||d<a   等价于   ((!b)==c)||(d<a)

a+b>c&&x+y<b   等价于   ((a+b)>c)&&((x+y)<b)

2. 逻辑运算的值

逻辑表达式的值应该是一个逻辑量"真"或"假",C 语言编译系统在表示逻辑运算结果时,以数值 1 代表"真",以 0 代表"假",但是在判断一个量是否为"真"时,以 0 代表"假",以非 0 代表"真",即将一个非零的值认作为"真"。例如:

(1)若 a=3,则!a 的值为 0。因为 a 的值是非 0,被认作为"真",对它进行"非运算",得到"假","假"以 0 代表。

(2)若 a=3,b=4,则 a&&b 的值为 1。因为 a 和 b 均为非 0,被认为是"真",因此 a&&b 的值也为"真",值为 1。

(3)若 a=3,b=0,则 a&&b 的值为 0。因为 a 的值为非 0,被认为是"真",而 b 的值为 0,被认为是"假",因此 a&&b 的值也为"假",值为 0。

(4)若 a=3,b=0,则 a||b 的值为 1。因为 a 的值为非 0,被认为是"真",则 a||b 的值为"真"。

3. 逻辑运算求值规则

(1)逻辑与运算"&&":参与运算的两个量都为真时,结果才为真,否则为假。

例如:5>0&&4>2,由于 5>0 为真,4>2 也为真,相与的结果为真。

5<0&&4>2,由于 5<0 为假,则相与的结果为假。

(2)逻辑或运算"||":参与运算的两个量只要有一个为真,结果就为真;只有两个量都为假时,结果为假。

例如：5＞0||5＞8，由于 5＞0 为真，则相或的结果也就为真。

（3）逻辑非运算"!"：参与运算的量为真时，结果为假；参与运算的量为假时，结果为真。

例如：!（5＞0），由于 5＞0 为真，则进行逻辑非运算就为假。

【例 1-32】 逻辑运算符综合举例

```
#include<stdio.h>
void main()
{
int x,y,z,t;
x=3,y=-5,z=9;
t=x>y&&y<z;
printf("t=%d\n",t);
t=x||y;
printf("t=%d\n",t);
}
```

程序运行结果是：

```
t=1
t=1
Press any key to continue
```

4. 逻辑运算的最少规则

在逻辑表达式的求解中，并不是所有的逻辑运算都被执行，只是在必须执行下一个逻辑运算才能求出整个逻辑表达式的解时，才执行该运算，即只对能够确定整个表达式值所需要的最少数目的子表达式进行计算，称之为逻辑运算的最少规则。具体的规则如下：

（1）a&&b&&c：只有 a 为真时，才需要判别 b 的值；只有当 a 和 b 都为真的情况下才需要判别 c 的值；如果 a 为假，依据逻辑运算符的运算规则就能确定整个逻辑表达式的值，为此就不需要判别 b 和 c 的值。

（2）a||b||c：只要 a 的值为真，就不必判断 b 和 c 的值；只有 a 为假，才判别 b。a 和 b 都为假时才判别 c。

例：已知有 int a＝2，b＝3，c＝4，d＝5，m＝1，n＝1；求执行表达式（m＝a＞b）&&（n＝c＞d）后 m，n 的值。

分析：由于"a＞b"的值为 0，因此 m 的值为 0，则（m＝a＞b）表达式的值为 0，此时已能判定整个表达式不可能为真，不必再进行"n＝c＞d"的运算，因此 n 的值不是 0 而仍然保持原值 1。

【例 1-33】 逻辑运算符最少规则举例

```
#include<stdio.h>
void main()
{
```

```
int x,y,z;
x=y=z=1;
--x&&++y&&++z;
printf("x=%d,y=%d,z=%d\n",x,y,z);
++x&&++y&&++z;
printf("x=%d,y=%d,z=%d\n",x,y,z);
++x&&y--||++z;
printf("x=%d,y=%d,z=%d\n",x,y,z);
}
```

程序运行结果是：

```
x=0,y=1,z=1
x=1,y=2,z=2
x=2,y=1,z=2
Press any key to continue
```

提示

这是一个典型的逻辑运算中的最少规则题目，在逻辑运算过程中，并不是所有的表达式都需要计算，要遵循一个最少原则，即只对能够确定整个表达式值所需要的最少数目的子表达式进行计算。

十一、顺序结构

从程序流程的角度来看，程序可以分为三种基本结构，即顺序结构、选择结构、循环结构，它是一般的结构化程序所具有的通用结构，这三种基本结构可以组成所有的复杂程序。

顺序结构是 C 程序中最简单、最基本、最常见的一种程序结构，也是进行复杂程序设计的基础。在顺序结构中，各语句按照自上而下的顺序执行，执行完上一条语句就自动执行下一条语句，是无条件的，不需要做任何判断，赋值操作和输入/输出操作是顺序结构中最典型的操作。

用流程图表示顺序结构，如图 1-24 所示。先执行 A 操作，再执行 B 操作，两者是顺序执行的关系。

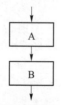

图 1-24 顺序结构流程图

顺序结构的基本程序框架主要由三大部分组成：

(1) 输入程序所需要的数据（定义程序中需要的变量以及初始化）；
(2) 进行运算和数据处理；
(3) 输出运算结果。

在顺序结构中，程序的流程是固定的、不能跳转，只能按照书写的先后顺序逐条逐句地执行。

【例 1-34】 实现华氏温度与摄氏温度的转换，输入一个华氏温度，要求输出摄氏温度。华氏温度转化成摄氏温度的公式为：C=5/9(F-32)，取两位小数。

```
#include<stdio.h>
void main()
{
    float  f,c;                    //定义变量
    scanf("%f",&f);                //从键盘输入华氏温度的值
    printf("F=%f\n",f);            //输出华氏温度的值
    c=5.0/9*(f-32);                //将华氏温度转换成摄氏温度
    printf("C=%.2f\n",c);          //输出摄氏温度，保留两位小数
}
```

若输入 60，则程序运行结果是：

```
60
F=60.000000
C=15.56
Press any key to continue_
```

思考

上面的表达式中为什么写成 5.0 而不是直接写 5 呢？结果有什么不一样吗？

【例 1-35】 编写一个实现简单译码的程序，译码规律是：用原来的字母后第 n 个字母代替原来的字母（假定其后面的第 n 个字母在 z 之前）。

```
#include<stdio.h>
void main()
{
    char c1,c2,c3,c4,c5;                            //定义字符型变量，对5个字母进行译码
    int n;                                          //定义整型变量
    printf("n=");
    scanf("%d",&n);                                 //从键盘输入n的值
    c1='C';c2='h';c3='I';c4='n';c5='a';             //初始化原始字符的值
    printf("源码是:%c%c%c%c%c\n",c1,c2,c3,c4,c5);    //输出源码
    c1+=n;                                          //对字符进行译码运算
```

```
c2+=n;
c3+=n;
c4+=n;
c5+=n;
printf("译码是:%c%c%c%c%c\n",c1,c2,c3,c4,c5);   //输出加密后的结果
}
```
若n=5，输入：5<回车>

程序运行结果是：

```
n=5
源码是:China
译码是:Hmnsf
Press any key to continue
```

【例 1-36】 编写程序，试计算某人考试的总分和平均分（已知英语，数学，语文的成绩）。

```
#include<stdio.h>
void main()
{
float yy,sx,yw,total,average;           //定义变量
printf("Input score:\n");               //提示输入成绩
scanf("%f,%f,%f",&yy,&sx,&yw);          //从键盘输入英语，数学和语文的成绩
total=yy+sx+yw;                         //求总分
average=total/3;                        //求平均分
printf("total  is %.2f\n",total);       //输出总分，只保留2位小数
printf("average  is %.2f\n", average);  //输出平均分，只保留2位小数
}
```

程序的运行结果是：

```
Input score:
90,87,85
total  is 262.00
average  is 87.33
Press any key to continue
```

十二、选择结构

在顺序结构中，语句按自上而下的顺序执行，执行完上一条语句就自动执行下一条语句，其中没有跳跃也没有转向，是无条件的，不需要做任何形式的判断。而在现实的很多问

题中,经常需要根据不同的条件而采用不同的操作,在执行时需要根据某个条件是否满足来决定是否执行指定的操作,或者从给定的两种或多种操作中任选其一,这就是选择结构。

最基本的选择结构是当程序执行到某一语句时,要进行条件判断,从下面的执行路径中选择一条,所以选择结构又称为分支结构。其根据情况可以分为单分支选择结构、双分支选择结构或者多分支选择结构(该结构将在第三任务模块中讲到)。

1. if 单分支选择结构

if 语句是用来判断所给定的条件是否满足,根据判定的结果(真或假)决定执行某个分支程序段。用流程图表示单分支选择结构如图 1-25 所示,表示当条件成立时,执行 A 操作;当条件不成立时,继续执行程序中的其他语句。

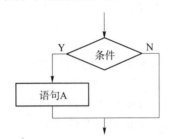

图 1-25 单分支选择结构

单分支选择语句是 if 语句中最基本、最简单的使用形式,其基本形式如下:

if(表达式)语句

其语义是:如果表达式的值为真,则执行其后的语句,否则不执行该语句。if 语句中的表达式可以是关系表达式、逻辑表达式、算术表达式,甚至可以是赋值表达式,只要其结果为"非零",表达式即为真,否则为假。其过程流程图如图 1-26 所示。

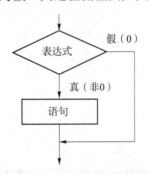

图 1-26 单分支 if 语句执行过程

例如:int a=0,b=1;有如下 if 语句:

```
if(a=b)  a++;
```

表达式"a = b"是赋值表达式,其含义是将 b 的值 1 赋给 a,赋值表达式的结果是变量 a 的值为 1,是非零,即 if 语句中表达式为真,则执行 if 语句中的 a++,a 的值变成 1。将上述语句变为:

```
if(a==b)  a++;
```

表达式"a==b"是条件表达式，比较 a 与 b 是否相等，a 的值是 0，b 的值是 1，显然不相等，则 if 语句中表达式为假，不执行 a++语句，a 仍保持原值，继续执行程序下方的其他语句。

> **说明**
>
> （1）把多个语句用"{}"括起来组成的一个语句称复合语句，在程序中应把复合语句看成是单条语句，而不是多条语句。
>
> （2）if 表达式后面默认的语句只有一条，如果需要在条件成立时实现执行多条语句，则需要使用复合语句。

【例 1-37】 从键盘上输入两个互不相等的整数分别代表两个人的年龄，要求找出年龄的最大值。

例题分析：

变量的定义： 根据题目要求需要定义两个整型变量 age1，age2（年龄应该用整数来表示）来代表两个人的年龄；还需要定义一个最大值变量 max 用来存储两个人年龄的最大值。

具体实现： 首先从键盘上输入互不相等的两个整数，分别赋给 age1 和 age2。然后将 age1 赋给变量 max，即将 age1 看作是最大值，再用 if 语句判断 max 与 age2 的大小关系，如果 max 小于 age2，则把 age2 赋给 max。因此 max 总是最大值，最后输出 max 的值。

代码实现：

```c
#include<stdio.h>
void main()
{
int age1,age2,max;                  //定义变量
scanf("%d%d",&age1,&age2);          //从键盘输入年龄值
max=age1;                           // 将 age1 赋给变量 max
if(max<age2)                        //比较 max 与 age2 的值
max=age2;
printf("年龄最大是：%d\n",max);     //输出最大值
}
```

程序运行结果是：

```
34 65
年龄最大是：65
Press any key to continue
```

> **提示**
>
> 在找出几个数的最大值时，通常的做法是先将某一个值设为最大值（即找到一个基准点），之后将这个最大值与其他的值进行比较。

【例 1-38】 从键盘输入两个人的英语成绩，按照成绩由大到小的顺序输出这两个成绩。

例题分析：

变量的定义： 根据题目要求需要定义两个整型变量 score1，score2 来代表两个人的英语成绩；同时根据题目的要求，如果 score1 小于 score2，我们需要交换两者的值，而交换则需要定义一个中间变量 temp 来实现。

具体实现： 此题目是一个典型的交换值的过程，该题目只要做一次比较，如果满足条件就实现交换。首先从键盘上输入两个整型数据，分别赋给 score1 和 score2，再将两者的值进行比较，如果 score1 小于 score2，则将两者的值进行交换。关键是怎样将两个值进行交换呢？能将两个变量直接相互赋值吗？如下：

```
score1=score2;    //把 score2 赋给了 score1, score1 的值等于 score2 的值
score2=score1;    //再把 score1 的值赋给 score2, score2 的值没有改变
```

很显然，必须借助于第三个变量 temp 来实现两个数据的交换，而如何用 temp 实现两个变量值的交换呢。图 1-27 演示了交换的过程。

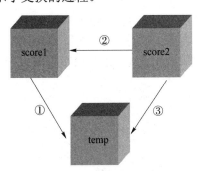

图 1-27　交换过程

执行的顺序按照图 1-27 中标号的顺序：

① 将 score1 的值赋给中间变量 temp；
② 将 score2 的值赋给 score1；
③ 将 temp 的值赋给 score2。

代码实现：

```
#include<stdio.h>
void main()
{
int score1,score2,temp;              //定义变量
scanf("%d%d",&score1,&score2);       //从键盘输入英语分数
printf("未处理之前的成绩是：%d,%d\n", score1,score2);   //输出初始值
if(score1<score2)                    //如果 score1 小于 score2,则交换两者的值
{
temp=score1;                         // 将 score1 的值赋给中间变量 temp
score1=score2;                       // 将 score2 的值赋给 score1
score2=temp;                         // 将 temp 的值赋给 score2
}
```

```
    printf("成绩由大到小输出：%d,%d\n",score1,score2);        //输出
}
```

程序运行结果是：

```
90 98
未处理之前的成绩是：90,98
成绩由大到小输出：98,90
Press any key to continue_
```

2. if 双分支选择结构

双分支选择语句是 if 语句中最常见的使用形式，其基本格式是：
if(表达式)
　　语句 1
else
　　语句 2

语义是：如果表达式的值为真，则执行语句 1，否则执行语句 2。其执行过程可用图 1-28 来表示。

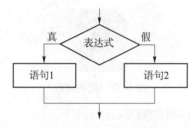

图 1-28　双分支选择结构

【例 1-39】　从键盘输入两个人的体重，求体重的最大者。
例题分析：
变量的定义： 根据题目要求，需要定义两个实型变量 weight1，weight2（体重有小数部分应该用实型数据来表示）来代表两个人的体重；还需要定义一个最大值变量 max 来代表体重的最大值。
具体实现： 体重要找出最大者，实际上就是比较的过程。首先从键盘上输入两个实型数据，分别赋给 weight1 和 weight2。如果 weight1 大于 weight2，则最大值就是 weight1；反之最大值就是 weight2。
代码实现：

```
#include<stdio.h>
void main()
{
float weight1, weight2,max;           //定义变量
scanf("%f%f",&weight1,&weight2);      //从键盘输入重量值
if(weight1>weight2)                   //比较 weight1 与 weight2 的值
```

```
    max=weight1;
else
    max=weight2;
printf("体重最大是：%.2f\n",max);        //输出最大值
}
```

程序运行结果是：

```
78.5 66
体重最大是: 78.50
Press any key to continue_
```

【例 1-40】 从键盘输入一个年份，判定该年是否是闰年，如果是闰年则输出"yes"，否则输出"no"。

判断闰年的条件：

（1）能被 4 整除，但不能被 100 整除的年份都是闰年，例如，1996 年，2004 年，2008 年等都是闰年。

（2）能被 400 整除的年份是闰年。例如，2000 年是闰年。

符合上述两个条件中的任何一个就是闰年。例如，2009 年，2013 年两个条件均不满足，不是闰年。

例题分析：

变量的定义：根据题目要求只需要定义一个整型变量 year 来代表年份。

具体实现：首先从键盘上输入一个整数，将其赋给变量 year；再根据闰年的判断条件来进行判断即可。求余运用到的运算符是"%"，能被 4 整除即对 4 进行求余运算其余数为 0，但不能被 100 整除即对 100 进行求余运算余数不为 0，两者的逻辑关系是"逻辑与（&&）"。同理被 400 整除也是余数为 0，两个条件的关系用"逻辑或（||）"运算。将上面运算写成表达式，再进行条件判断，如果满足条件则输出"yes"，反之输出"no"。

代码实现：

```
#include<stdio.h>
void main()
{
int year;                              //定义年份变量
printf("请输入年份：");
scanf("%d",&year);                     //从键盘输入要判断的年份
if(year%4==0&& year%100!=0||year%400==0)    //判断闰年
printf("yes\n");
else
printf("no\n");
}
```

程序运行结果是：

3. 条件运算符

条件运算符由两个符号（？和：）组成，必须一起使用，要求有 3 个操作数，称为三目运算符，它是 C 语言中唯一的一个三目运算符，由条件运算符组成的表达式称为条件表达式。

条件表达式的一般形式为：

表达式 1 ? 表达式 2 : 表达式 3

其求值规则为：首先计算表达式 1 的值，如果表达式 1 的值为真，则以表达式 2 的值作为整个条件表达式的值，否则以表达式 3 的值作为整个条件表达式的值。具体执行过程如图 1-29 所示。

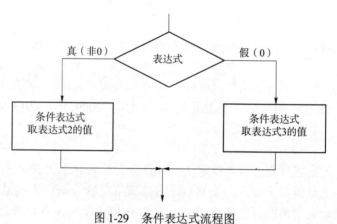

图 1-29 条件表达式流程图

使用条件表达式时，还应注意以下几点：

（1）条件运算符的运算优先级低于关系运算符和算术运算符，但高于赋值符。

因此，max =（a＞b）?a : b 可以去掉括号而写为 max = a＞b?a : b

（2）条件运算符的结合方向是"自右向左"。

条件表达式通常用于赋值语句之中。

求两个数最大值除可以使用 if 语句也可以使用条件语句来完成，例如：max=(a＞b)?a:b；执行该语句的语义是：如果 a＞b 为真，则把 a 赋予 max，否则把 b 赋予 max。

再如求三个数的最大值：a＞b?a : c＞d?c : d 应理解为 a＞b?a :（c＞d?c : d），这也就是条件表达式嵌套的情形，即其中的表达式 3 又是一个条件表达式，按照条件表达式"自右向左"的结合性进行计算。

在 C 语言中，要想正确使用一种运算符，必须清楚这种运算符的优先级和结合性。当一个表达式中出现不同种类的运算符时，首先按照它们的优先级顺序进行运算，即先计算优先级高的运算符、再计算优先级低的运算符。当运算符的优先级相同时，则要根据运算符的结合性来确定表达式的运算顺序。结合性表示计算表达式时的结合方向，有两种结合方向：一种是"从右向左"（右结合性），一种是"从左向右"（左结合性）。C 语言中只有第二级别的单目运算符、赋值运算符和条件运算符是"右结合性"，其他大部分运算符的结合性均是

"左结合性"，具体可参考附录C。

条件运算符程序举例：

【例1-41】 简单条件运算符

```
#include<stdio.h>
void main()
{
int a=3,b=4,c;
c=a<b?a:b;
printf("c=%d\n",c);
}
```

运行结果是：

```
c=3
```

【例1-42】 添加其他运算符的以及符合条件运算符程序举例

```
#include<stdio.h>
void main()
{
int a=3,b=4,c;
c=a>b?++a:++b;           //：前后的表达式只有一个能被计算
printf("a=%d,b=%d,c=%d\n",a,b,c);
c=a-b?a+b:a-3?b:a;       //右结合性
printf("a=%d,b=%d,c=%d\n",a,b,c);
}
```

运行结果是：

```
a=3,b=5,c=5
a=3,b=5,c=8
```

提示

条件运算符的结合性是右结合性，同时":"前后的值只有一个被计算。语句"c=a>b?++a:++b;"执行时首先判断"a>b"是否成立，显然"a>b"不成立，为此条件表达式的值是冒号后面的值，即"++b"的值，而"++a"不进行计算；语句"c=a-b?a+b:a-3?b:a;"的计算顺序是：首先计算条件表达式"a-3?b:a"的值，即"3-3? 5:3"的值，其值是 3，则再计算条件表达式"a-b?a+b:3"的值，即"3-5? 8:3"的值，其值是8，最后将整个条件表达式的值8赋给c。

【例1-43】 输入一个字符，判断它是否是大写字母。如果是，将它转换成小写字母；如果不是，不转换，然后输出最后得到的字符。

解题思路：判断字母是否是大写字母应该运用逻辑运算符中的逻辑与"&&"进行判断，

而题目中输出字母用条件表达式来处理,当字母是大写时,转换成小写字母,否则不转换。

代码实现:

```c
#include<stdio.h>
void main()
{
char ch;
scanf("%c",&ch);
//逻辑表达式 ch>='A'&&ch<='Z'判断字符是否是大写字母
ch=(ch>='A'&&ch<='Z')?ch+32:ch;
printf("%c\n",ch);
}
```

运行结果是:

```
A
a
Press any key to continue
```

本程序也可以使用 if 语句实现。

4. if 语句的嵌套结构

在 if 语句中又包含一个或者多个 if 语句称为 if 语句的嵌套。

基本形式:

if(表达式)
　　if 语句;

或者为

if(表达式)
　　if 语句;
else
　　if 语句;

在内嵌的 if 语句中可能又是 if-else 型的,这将会出现多个 if 和多个 else 重叠的情况,这时要特别注意 if 和 else 的配对问题,C 语言规定:在嵌套 if 语句中,if 和 else 按照"就近配对"的原则配对,即相距最近且还没有配对的一对 if 和 else 首先配对。

试分析下面的 2 组语句有何区别?

```c
//语句1:
if(n%3==0)
    if(n%5==0) printf("%d 是 15 的倍数\n",n);
    else printf("%d 是 3 的倍数但不是 5 的倍数\n",n);        //else 与第二个 if 配对
//语句2:
if(n%3==0)
```

```
{
    if(n%5==0) printf("%d 是 15 的倍数\n",n);
}
else printf("%d 不是 3 的倍数\n",n);                    //else 与第一个 if 配对
```

两个语句的差别虽然仅在于一对"{}",但逻辑关系却完全不同。

关于 if 嵌套语句的几点说明:

if 语句用于解决二分支的问题,嵌套 if 语句则可以解决多分支问题。两种嵌套形式各有特点,应用时注意区别,考虑一下是否可以互相替换。

由上述两个语句可以看出:if 中嵌套的形式较容易产生逻辑错误,而 else 中嵌套的形式配对关系则非常明确,因此从程序可读性角度出发,建议尽量使用在 else 分支中嵌套的形式。

【例 1-44】 有一个函数如下:输入一个 x 的值,要求输出相应的 y 值,编写程序实现功能。

$$Y=\begin{cases} -1 & (x<0) \\ 0 & (x=0) \\ 1 & (x>0) \end{cases}$$

例题分析:

变量的定义:根据题目要求需要定义两个整型变量 x,y。

具体实现:此题目是典型的 if 语句嵌套形式,首先从键盘上任意输入一个整数赋给 x,然后判断 x 的值,具体流程如图 1-30 所示。

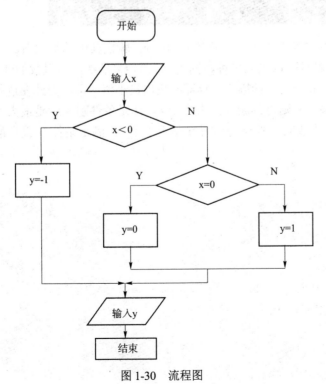

图 1-30 流程图

代码实现：

```c
#include<stdio.h>
void main()
{
int x,y;                          //定义变量
printf("请输入 x 的值：");
scanf("%d",&x);                   //从键盘输入 x 的值
if(x<0)                           //比较 x 与 0 的关系
   y=-1;
else
if(x>0)
   y=1;
else
   y=0;
 printf("y的值是：%d\n",y);       //输出 y 的值
}
```

程序运行结果是：

```
请输入x的值：8
y的值是：1
Press any key to continue_
```

【例 1-45】 从键盘上输入 3 个整数 a、b、c，输出其中的最大值。

例题分析：该题目可以采取多种不同的 if 语句来解决，这里我们使用 if 语句的嵌套形式。本题不需要对 3 个数进行排序，只需要找出最小值即可，因此在进行判断时只需先判断 a 是否大于 b，如果成立则再判断 a 是否大于 c，满足条件则 a 就是最大值，反之 c 就是最大值；如果 a 大于 b 不成立，则只需判断 b 是否大于 c，满足条件 b 就是最大值，反之 c 就是最大值。

代码实现：

```c
#include<stdio.h>
void main()
{
int a,b,c,max;
printf("请输入 3 个整数:");
scanf("%d%d%d",&a,&b,&c);
if(a>b)
{
    if(a>c) max=a;
```

```
        else max=c;
    }
    else
    {
        if(b>c) max=b;
        else  max=c;
    }
    printf("max=%d\n",max);
}
```

程序运行结果是：

```
请输入3个整数:67 90 -102
max=90
Press any key to continue
```

> **提示**
> 对于 if 语句的嵌套，关键是能够找出 else 和它上面的哪个 if 语句配对，在 C 语言中 else 总是与它前面最近尚未配对的 if 配对，只要找出相应的配对关系，最终都可能转换成单分支选择语句或者多分支选择语句。

十二、函数的定义、调用与返回

从用户使用的角度来看，函数分为两种：标准函数和用户自定义函数。

（1）标准函数即库函数，它是由系统提供的，用户不需要自己定义而可以直接调用。不同的 C 语言编译系统提供的库函数的数量和功能会有一些不同，当然许多基本的函数是共同的。

（2）自定义函数，是用以解决用户专门需要的函数。

从函数的形式来看，函数分两类：

（1）无参函数：在调用无参函数时，主调函数不向被调函数传递数据。无参函数一般用来执行制定的一组操作，其可以带回或不带回函数值，但一般以不带回函数值的居多。

（2）有参函数：在调用函数时，主调函数在调用被调函数时，通过参数向被调函数传递数据（本部分内容将在项目二任务二中讲解）。

1. 无参、无返回值函数的定义

无参函数是指函数定义、函数说明及函数调用中均不带参数。主调函数和被调函数之间不进行参数传送。此类函数通常用来完成一组指定的功能，可以返回或不返回函数值。

无参函数的定义：

函数返回值的类型名　函数名()　　　　　/*　函数首部*/
{

声明部分；
语句部分；   /* 函数体*/
}

其中类型标识符和函数名称为函数首部。类型标识符指明了本函数的类型，函数的类型实际上是函数返回值的类型。该类型标识符与前面介绍的各种说明符相同。函数名是由用户定义的标识符，函数名后有一个空括号，其中无参数，但括号不可少。

"{}"中的内容称为函数体，在函数体中声明部分，是对函数体内部所用到的变量的类型说明。如果函数无返回值，此时函数类型符是 void。

例如：无返回值函数的定义

```
void Hello()
{
printf ("Hello,world \n");
}
```

2. 无参、无返回值函数的调用

无参、无返回值函数调用均是以函数语句的方式调用函数：

函数名();

即函数调用加上";"即构成了函数语句，例如，"Hello();"就是调用自定义函数 Hello。

【例 1-46】 定义一个无参函数无返回值函数，实现的功能是：从键盘上输入两个互不相等的整数分别代表两个人的身高，求两个人的身高的平均值，并在主函数中进行测试。

例题分析：变量的定义：根据题目要求需要定义两个整型变量 height_a，height_b（身高用整型来定义）来代表两个人的身高；还需要定义一个浮点型变量 avg 来代表身高的平均值。

具体实现：首先定义一个函数名为 avg_height 的函数，因为要求无参，所以在后面的括号中没有任何的参数。在此函数中从键盘上输入互不相等的两个整数，分别赋给 height_a 和 height_b。平均值为两数相加后除以 2，但考虑到变量平均值 avg 为浮点型所以我们应该将 2 换为 2.0（同学们可以探讨一下为什么），最后打印此平均值。回到主函数中，在主函数中只调用 avg_height()就可以了。

代码实现：

```
#include<stdio.h>
void avg_height()
{   int height_a,height_b;              /*定义两个整数*/
    float avg;                          /*平均值可能出现小数,所以用浮点型*/
    printf("请输入两个人的身高:");
    scanf("%d%d",&height_a,&height_b);  /*由键盘输入两个值*/
    avg=(height_a+height_b)/2.0;        /*两个整数相除结果为整数,所以将2改为2.0*/
    printf("平均身高 avg=%.2f\n",avg);
}
void main()
```

```
{
    avg_height();                                          /*在主函数中调用 avg_height 函数*/
}
```

程序运行结果是:

```
请输入两个人的身高:185 179
平均身高avg=182.00
Press any key to continue_
```

3. 无参、有返回值函数的定义

函数的值是指函数被调用之后，执行函数体中的程序段所取得的并返回给主调函数的值。函数的返回值是通过函数中的 return 语句获得的。

return 语句的一般形式为：

return 表达式;

或者为：

return （表达式);

该语句的功能是计算表达式的值，并返回给主调函数。在函数中允许有多个 return 语句，但每次调用只能有一个 return 语句被执行，因此只能返回一个函数值。

对函数的值(或称函数返回值)有以下一些说明：

（1）函数值的类型和函数定义中函数的类型应保持一致。如果两者不一致，则以函数类型为准，自动进行类型转换。

（2）如函数值为整型，在函数定义时可以省去类型说明。

（3）不返回函数值的函数，可以明确定义为"空类型"，类型说明符为"void"。一旦函数被定义为空类型后，就不能在主调函数中使用被调函数的函数值了。为了使程序有良好的可读性并减少出错，凡不要求返回值的函数都应定义为空类型。

4. 无参、有返回值函数的调用

通常情况下函数作为表达式中的一项出现在表达式中，以函数返回值参与表达式的运算，基本形式如下（将其运用在赋值表达式中是比较常见的一种形式）：

变量=函数();

【例 1-47】 定义一个函数求两个人身高的平均值，要求无参，有返回值，并在主函数中进行测试。

例题分析：这个例题要求有返回值，既然要求返回则在主函数中必须定义一个变量来进行接收，所以定义了 avg_m 变量来接行接收。同时在被调函数 avg_height()函数中加上 return 返回语句。

代码实现：

```
#include<stdio.h>
float avg_height()
```

```
{   int height_a,height_b;              /*定义两个整数*/
    float avg;                          /*平均值可能出现小数,所以用浮点型*/
    printf("请输入两个人的身高:");
    scanf("%d%d",&height_a,&height_b);  /*由键盘输入两个值*/
    avg=(height_a+height_b)/2.0;        /*两个整数相除结果为整数,所以将2改为2.0*/
    return  avg;                        /*返回值*/
}
void main()
{   float  avg_m;
    avg_m=avg_height();                 /*在主函数中调用avg_height函数*/
    printf ("平均身高avg_m=%.2f\n",avg_m);
}
```

程序运行结果是:

```
请输入两个人的身高:175 178
平均身高avg_m=176.50
Press any key to continue_
```

任务实现

定义实现存（取）款的功能函数，每次在输入存（取）款额后，判断其是否符合任务描述中的基本要求，不满足则提示相关错误，满足则利用运算符实现余额的运算，并将每次存（取）款后的余额作为函数的返回值以供下次使用。

代码如下：

```
#include<stdio.h>
#include<stdlib.h>              //清屏命令的头文件。
int  count=50000;               //这是银行卡内原有的余额
/* 取款 draw 函数,并判定是否符合取款规范,同时可以根据用户需要选择继续交易还是返回,并返回余额*/
int draw()
{
    int out;
    printf("请输入取款额度: ");
    scanf("%d",&out);
    system("CLS");              //清屏函数
    if(out>count)
      printf("余额不足\n\n");
    if(out%100!=0)
      printf("请输入100的整数倍\n\n");
```

```
      else
      {
        printf("取款成功\n\n");
        count-=out;
      }
      return count;
    }
/* 存款 save 函数, 并判定是否符合存款规范并返回余额*/
int save()
{
    int in;
    printf("请输入存款额度: ");
    scanf("%d",&in);
    system("CLS");
    if(in%100!=0)
      printf("\n\t\t 错误, 请重新输入。\n\n");
    else
      {printf("存款成功\n\n");
       count+=in;
      }
    return count;
}
```

上机实训

1. 输入三个小写字母,输出其 ASCII 码值和对应的大写字母。
2. 从键盘上连续输入三个整数,再分别输出。
3. 从键盘上连续输入两个字符,再分别输出。
4. 钟点工工资计算:每月劳动时间(按小时计算)×每小时工资=总工资,总工资扣除 10%的养老保险,剩余的为应发的实际工资。编写一个程序从键盘输入每月的劳动时间和每小时工资,并输出其实发工资。
5. 从键盘上输入一个字符,判断它是否是大写字母,如果是将它转换成小写字母;如果不是,不转换;然后输出最后得到的字符。
6. 从键盘输入三个成绩,输出三个成绩的最大者。
7. 判断输入的数是否是偶数,如果是输出 yes,否则输出 no。
8. 从键盘输入三个整数,将其按照从大到小输出。
9. 从键盘输入两个整数,求出这两个数的大小关系。(即表示出 a＞b,或者是 a＜b, a＝b)

习题

一、选择题

1. 以下变量名合法的是_____。
   A. ABC、L10、a_b、_a1   B. ?123、print、*p、a+b
   C. _12、zhang、*p、11F   D. li_li、p、for、101

2. 下面正确的字符常量是_____。
   A. "c"   B. "\\"   C. 'w'   D. ' '

3. 在 C 语言中运算符的优先级高低的排列顺序是_____。
   A. 关系、算术、赋值   B. 算术、赋值、关系
   C. 赋值、关系、算术   D. 算术、关系、赋值

4. 设 x,y 均为整型变量，且 x = 10，y = 3，则下列语句的输出结果是_____。

```
printf("%d,%d",x++,++y);
```

   A. 11, 3   B. 10, 3   C. 10, 4   D. 11, 4

5. 在 C 语言中，表示逻辑值"假"用_____。
   A. 1   B. 非 0 的数   C. 0   D. 大于 0 的数

6. 下列运算符中优先级别最高的是_____。
   A. ++   B. +   C. &&   D. %

7. 以下程序的输出结果是_____。

```
main ()
{int a=3;
printf("%d",(a+=a-=a*a));
}
```

   A. -6   B. 12   C. 0   D. -12

8. 在 C 语言中，要求运算数必须是整数的运算符是_____。
   A. -   B. /   C. +   D. %

9. 在 C 语言中，char 型数据在内存中的存储形式是_____。
   A. 补码   B. 原码   C. 反码   D. ASCII 码

10. 已知各变量的类型说明如下：

```
int k,a,b;
unsigned long w=5;
double x=1.42;
```

   则以下不符合 C 语言语法的表达式是_____。
   A. x%（-3）
   B. w +=-2
   C. k =（a = 2.b = 3.a + b）
   D. a += a-=（b = 4）*（a = 3）

11. 以下运算符中，_____的运算结合性是从右向左。
   A. +（加法）   B. &&   C. +=   D. >

12. 假设所有变量均为整型，则表达式（a = 2, b = 5, b ++, a + b）的值是_____。
    A. 7　　　　　B. 8　　　　　C. 6　　　　　D. 2
13. 下列字符常量表示中，_____是错误的。
    A. '\105'　　　B. '*'　　　　C. '\4f'　　　D. '\a'
14. 以下各运算符中，_____结合性是从右向左。
    A. 三目　　　B. 算术　　　C. 逻辑　　　D. 比较
15. 已知字母 A 的 ASCII 码值为十进制数 65，且 c2 为字符型，则执行语句 c2=A+'6'－'3'; 后，c2 的值为_____。
    A. D　　　　B. 66　　　　C. 不确定的值　　D. C
16. 逻辑运算符两侧运算对象的数据类型_____。
    A. 只能是 0 或 1　　　　　　　B. 只能是 0 或者是非 0 的正数
    C. 只能是整型或字符型数据　　D. 可以是任意类型数据
17. 判断 char 型变量 ch 是否为大写字母的正确表达式是_____。
    A. 'A' <= ch <= 'Z'　　　　　B. （ch >= 'A'）&（ch <= 'Z'）
    C. （ch >= 'A'）&&（ch <= 'Z'）　D. （'A' <= ch）AND（'Z' >= ch）
18. 已知 x = 43，ch = 'A'，y = 0；则表达式（x >= y && ch < 'B' && !y）的值是_____。
    A. 0　　　　B. 语法错　　　C. 1　　　　D. "假"
19. putchar 函数可以向终端输出一个_____。
    A. 整型变量表达式　　　B. 实型变量值
    C. 字符串　　　　　　　D. 字符或字符型变量值
20. 已有如下定义和输入语句，若要求 a1, a2, c1, c2 的值分别为 10, 20, A 和 B，当从第一列开始输入数据时，正确的数据输入方式是_____。

```
int a1,a2;char c1,c2;
scanf("%d%c%d%c",&a1,&c1,&a2,&c2);
```

    A. 10A□20B<CR>　　　　　B. 10□A□20□B<CR>
    C. 10□A20B<CR>　　　　　D. 10A20□B<CR>

21. 已有如下定义和输入语句，若要求 a1, a2, c1, c2 的值分别为 10, 20, A 和 B，当从第一列开始输入数据时，正确的数据输入方式是_____。

```
int a1,a2;char c1,c2;
scanf("%d%d",&a1,&a2);
scanf("%c%c",&c1,&c2);
```

    A. 1020AB<CR>　　　　　B. 10□20<CR>AB<CR>
    C. 10□□20□□AB<CR>　　D. 10□20AB<CR>

22. 有输入语句：scanf("a = %d, b = %d, c = %d", &a, &b, &c); 为使变量 a 的值为 1，b 为 3，c 为 2，从键盘输入数据的正确形式应当是_____。
    A. 132<CR>　　　　　　　　B. 1, 3, 2<CR>
    C. a = 1□b = 3□c = 2<CR>　　D. a = 1, b = 3, c = 2<CR>

23. 以下说法正确的是_____。
    A. 输入项可以为一个实型常量，如 scanf（"%f"，3.5）；
    B. 只有格式控制，没有输入项，也能进行正确输入，如 scanf（"a=%d，b=%d"）；
    C. 当输入一个实型数据时，格式控制部分应规定小数点后的位数，如 scanf（"%4.2f"，&f）；
    D. 当输入数据时，必须指明变量的地址，如 scanf（"%f"，&f）；

24. 已知 int x=10，y=20，z=30；以下语句执行后 x，y，z 的值是_____。

```
if(x>y)
z=x;x=y;y=z;
```

   A. x=10，y=20，z=30   B. x=20，y=30，z=30
   C. x=20，y=30，z=10   D. x=10，y=20，z=30

25. 若变量已正确定义，和语句"if（a>=b） k=0；else k=1"等价的是_____。
   A. k=（a>=b）?1:0；   B. k=a>=b；
   C. k=a<b；   D. a>=b?0:1

26. 以下程序的运行结果是_____。

```
void main()
{int x=2,y=-1,z=2;
if (x<y)
if(y<0) z=0;
else  z+=1;
printf("%d\n", z);}
```

   A. 3   B. 2   C. 1   D. 0

二、分析以下程序的运行结果

1.
```
#include<stdio.h>
void main()
{
int m=5,y=2;
y+=y-=m*=y;
printf("y=%d\n",y);
}
```

2.
```
#include<stdio.h>
void main()
{
int i=8,j=10, m,n;
m=++i;
```

```
n=j++;
printf("%d,%d,%d,%d\n",i,j,m,n);
}
```

3.

```
#include<stdio.h>
void main()
{
int a=5,b=2,c=4,d;
d=a>b>c;
printf("d=%d\n",d);
}
```

4.

```
#include<stdio.h>
void main()
{
int a=5,b=2,c=4,d;
d=a<b<c;
printf("d=%d\n",d);
}
```

5.

```
#include<stdio.h>
void main()
{
int a,b,d=241;
a=d/100%9;
b=(-1)&&(-1);
printf("%d,%d\n",a,b);
}
```

6.

```
#include<stdio.h>
void main()
{
int a=1,b=2,c=3,d=4,m=1,n=1;
(m=a>b)&&(n=c>d);
printf("%d,%d\n",m,n);
}
```

7.
```c
#include<stdio.h>
void main()
{
int x,y;
x=11;
y=x>12?x+10:x-12;
printf("%d\n",y);
}
```

8.
```c
#include<stdio.h>
void main()
{
int k=4,a=3,b=2,c=1;
printf("%d\n",k<a?k:c<b?c:a);
}
```

9.
```c
#include<stdio.h>
void main()
{
int x=10,y=9;
int a,b,c;
a=(--x==y++)?--x:++y;
b=x++;
c=y;
printf("%d,%d,%d\n",a,b,c);
}
```

10.
```c
#include<stdio.h>
void main()
{char c='x';
printf("c:dec=%d, oct=%o, hex=%x, ASCII=%c\n",c,c,c,c);
}
```

11.
```c
#include<stdio.h>
void main()
```

```
{int x=1,y=2;
printf("x=%d y=%d *sum*=%d\n",x,y,x+y);
printf("10 Squared is :%d\n",10*10);
}
```

12.

```
#include<stdio.h>
void main()
{int x=10;float pi=3.1416;
printf("(1)%d\n",x);
printf("(2)%6d\n",x);
printf("(3)%f\n", pi);
printf("(4)%14f\n",pi);
}
```

13.

```
#include<stdio.h>
void main()
{
int a=5,b=0,c=0;
if(a=b+c) printf("***\n");
else printf("$$$\n");
}
```

14.

```
#include<stdio.h>
void main()
{
int m=5;
if(m++>5) printf("%d\n",m);
else printf("%d\n",m);
}
```

任务三 实现功能选择

任务描述

用户在 ATM 自助存取款机欢迎、登录页面，输入正确的密码后，就可以进入功能选择页面，输入 1 实现存款，输入 2 实现取款，输入 3 查询余额，输入 4 退卡，输入其他内容提

示输入有误。

具体要求如下：

当用户输入 1 后，将会进入提示用户输入存款金额页面，如果存款额度满足要求（任务二中已实现）则实现存款；

当用户输入 2 后，将会进入提示用户输入取款金额页面，如果取款额度满足要求（任务二中已实现）则实现取款；

当用户输入 3 后，将会显示余额；

当用户输入 4 后，则实现退卡。

当用户输入其他字符，提示用户输入错误。

知识储备

在很多实际问题中，经常会用遇到多于两个分支的情况，比如说成绩的等级分为：优秀、良好、中等、及格以及不及格 5 个层次。如果程序使用 if 语句的嵌套形式来处理，分支较多且不容易理解，为此 C 语言提供了两种多分支选择结构：if 多分支语句和 switch 语句。

一、多分支选择结构（if 语句）

基本形式：
if(表达式 1)
　　语句 1；
else　if(表达式 2)
　　语句 2；
else　if(表达式 3)
　　语句 3；
　　…
else　if(表达式 m)
　　语句 m；
else
　　语句 n；

其语义是：依次判断表达式的值，当出现某个值为真时，则执行其对应的语句；然后跳到整个 if 语句之外继续执行程序；如果所有的表达式均为假，则执行语句 n，然后继续执行其他程序。if-else-if 语句的执行过程如图 1-31 所示。

【例 1-48】 从键盘随机输入一个整数作为成绩，将该成绩转换成相应的等级制，即 90～100 分是"优秀"，80～90 分是"良好"，70～80 分是"中等"，60～70 分是"及格"，60 分以下是"不及格"，输入的成绩为 0～100，否则提示成绩有错。

例题分析：

变量的定义：需要定义一个整型变量来表示输入的成绩。

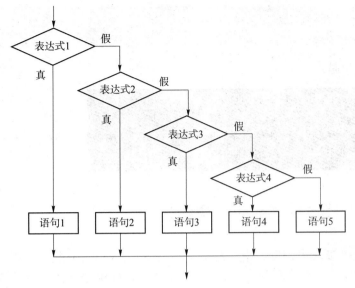

图1-31 if语句多分支结构

具体实现： 这是一个典型的多分支选择语句，首先判断输入的成绩是否大于 100，如果是则打印出错；反之判定是否大于等于 90，如果是，打印"优秀"；再反之判定是否大于等于 80，如果是，打印"良好"；再反之判定是否大于等于 70，如果是，打印"中等"；再反之判定是否大于等于 60，如果是，打印"及格"；再反之判定是否大于等于 0，如果是，打印"不及格"；反之成绩出错。

代码实现：

```c
#include<stdio.h>
void main()
{
    int score;                    //定义成绩变量
    printf("请输入成绩:");
    scanf("%d",&score);           //从键盘输入score的值
    if(score>100)                 //比较score是否大于100
        printf("成绩有错！\n");    //输出成绩出错
    else if(score>=90)
        printf("优秀!\n");        //输出优秀
    else if(score>=80)
        printf("良好!\n");        //输出良好
    else if(score>=70)
        printf("中等!\n");        //输出中等
    else if(score>=60)
        printf("及格!\n");        //输出及格
    else if(score>=0)
        printf("不及格!\n");      //输出不及格
    else
```

```
        printf("成绩有错!\n");        //输出成绩出错
}
```

程序运行结果是:

```
请输入成绩: 78
中等!
Press any key to continue
```

二、多分支选择结构（switch 语句）

学生的成绩等级（优、良、中、及格、不及格），人口的分类（老年、中年、青年、少年、儿童）等均属于典型的多分支选择结构。这些可以使用 if 语句的多分支选择结构，但是由于 if 语句分支太多，过于烦琐，使程序的可读性降低。C 语言提供了 switch 语句直接处理多分支结构，switch 语句也被称为开关语句，其使用起来比 if 语句更加方便灵活。

基本形式：

```
switch(表达式)
{
    case 常量表达式 1:    语句 1;
    case 常量表达式 2:    语句 2;
        …
    case 常量表达式 n:    语句 n;
    default          :   语句 n+1;
}
```

其语义是：首先计算表达式的值，并逐个与 case 后的常量表达式值相比较，当表达式的值与某个常量表达式的值相等时，即执行其后的语句，然后不再进行判断，继续执行后面所有 case 后的语句，直至结束。如表达式的值与所有 case 后的常量表达式均不相同时，则执行 default 后的语句，其流程图如图 1-32 所示。

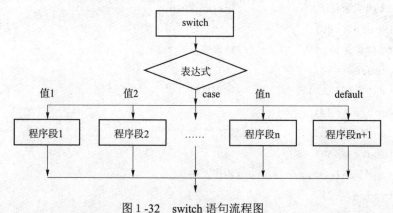

图 1-32 switch 语句流程图

【例 1-49】 设计程序，输入相应的等级字符输出该字符对应的成绩。

```
#include<stdio.h>
void main()
{
    char grade;
    grade=getchar();
    switch(grade)
    {
        case 'A':printf("90-100分\n");
        case 'B':printf("80-90分\n");
        case 'C':printf("70-80分\n");
        case 'D':printf("60-70分\n");
        case 'E':printf("<60分\n");
        default:printf("error!\n");
    }
}
```

如若输入 B，则程序运行结果是：

```
B
80-90分
70-80分
60-70分
<60分
error!
Press any key to continue_
```

这个结果当然不是我们希望的，为什么会出现这种情况呢?这恰恰反映了 switch 语句的特点。在 switch 语句中，"case 常量表达式"只相当于一个语句标号，表达式的值和某标号相等则转向该标号执行，但不能在执行完该标号的语句后自动跳出整个 switch 语句，所以出现了继续执行其后面所有 case 语句的情况。这是与前面介绍的 if 语句完全不同的，应特别注意。

为了避免上述情况，C 语言还提供了一种 break 语句。

基本格式是：break;

专门用于跳出 switch 语句，break 语句只有关键字 break，没有参数，switch 语句的最后一个 case 子句或者是 default 子句可以不用加 break 语句。修改上面的程序，在每一个 case 语句之后增加 break 语句，使每一次执行之后均可跳出 switch 语句，从而避免输出不应有的结果。

修改后的程序是：

```
#include<stdio.h>
void main()
{
    char grade;
    grade=getchar();
    switch(grade)
```

```
        {
        case 'A':printf("90-100 分\n");break;
        case 'B':printf("80-90 分\n");break;
        case 'C':printf("70-80 分\n");break;
        case 'D':printf("60-70 分\n");break;
        case 'E':printf("<60 分\n");break;
        default:printf("error!\n");
        }
}
```

程序运行结果是：

```
B
80-90分
Press any key to continue
```

需要注意的是：

（1）在 case 后的各常量表达式的值不能相同，否则会出现错误。

（2）在 case 后，允许有多个语句，可以不用{ }括起来。

（3）各 case 和 default 子句的先后顺序可以变动，而不会影响程序执行结果。

（4）default 子句可以省略不用。

（5）多个 case 标号可以共用一组执行语句，例如：

```
case 'A':
case 'B':
case 'C':printf(">60\n"); break;
```

（6）case 只起到标号的作用，在执行 switch 语句时，根据表达式的值找到匹配的入口标号，就会在执行完一个 case 后面的语句，继续执行后面的所有标号，不再进行判断。如果想跳出 switch 语句时，需要在 case 后面加上 break 语句。

三、综合能力拓展

选择结构是程序设计的重要结构，在实际应用中被广泛使用。下面给出几个应用选择结构设计的程序实例。

【例 1-50】 编写可以完成加，减，乘，除运算的运算器程序。

例题分析：

变量定义：加、减、乘、除属于双目运算符，需要定义三个实型变量 a，b，c，其中两个变量 a、b 是用来存放从键盘输入的运算数，一个变量 c 用来存放运算结果，还需要定义一个字符变量 mark，用来存放从键盘输入的运算符（+，-，*，/）。

具体实现：在实现简易计算器的程序中，依据输入的不同运算符进行了相应的运算，可以由多分支选择结构 switch 语句来完成，且注意每个 case 语句之后要加 break 语句，以便退出程序，算法的流程图如图 1-33 所示。

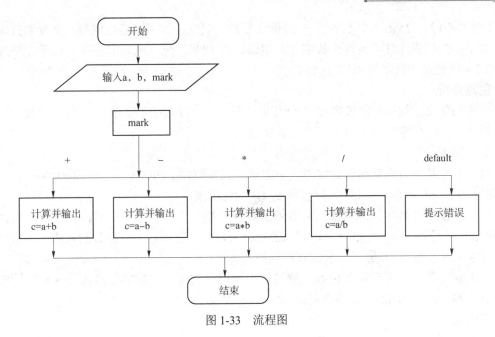

图 1-33　流程图

代码实现：

```c
#include<stdio.h>
void main()
{
float a,b,c=0;          //定义c的初始值
char mark;
printf("Please input a,mark,b: ");
scanf("%f%c%f",&a,&mark,&b);
switch(mark)
{
case '+':c=a+b;break;
case '-':c=a-b;break;
case '*':c=a*b;break;
case '/':c=a/b;break;
default:printf("input error!\n");
}
printf("%f%c%f=%f\n",a,mark,b,c);
}
```

程序运行结果：

```
Please input a,mark,b:6*7
6.000000*7.000000=42.000000
Press any key to continue
```

【例 1-51】 给出一个不多于 5 位的正整数，要求：①求它是几位数；②分别打印出每一位数字；③按逆序打印出各位数字。例如原数是 1234，应分别输出它是 4 位数、每位数字是 1 2 3 4 以及逆序数字是 4 3 2 1。

例题分析：

变量的定义：程序中需要定义 7 个变量：分别代表输入的不多于 5 位的正整数、位数、万位数字、千位数字、百位数字、十位数字以及个位数字。

具体实现：

（1）求位数，只需要判断数据的大小即可，如果数大于 9999 而小于 100000，则位数是 5；如果大于 999 而小于 10000，则位数是 4，以此类推。

（2）每位上的数字，则需要运用算术运算符中的"/"和"%"运算，万位数字是该数除以 10000 得到的，而千位数字是将万位的数减去以后再除以 1000 得到的，依次类推，最后个位数字就是该数对 10 进行求余运算得到的。

（3）逆序数字只需判断其位数，就可以根据得到的每一位数字按照相反的顺序输出，而位数有 5 种情况，为此这里使用 switch 多分支选择结构。

代码实现：

```c
#include<stdio.h>
void main()
{
unsigned int num;            //定义输入的变量
//定义变量，分别代表位数，个位，十位，百位，千位和万位
int count,gw,sw,bw,qw,ww;
printf("请输入一个整数（0~99999）：");
scanf("%d",&num);
//判断输入的数据是几位数，运用 if 语句的多分支结构
if(num>9999)
  count=5;
else if(num>999)
  count=4;
else if(num>99)
  count=3;
else if(num>9)
  count=2;
else count=1;
printf("count=%d\n",count);
printf("每位数字为：");
//计算各位数字，运用除法、求余运算实现
ww=num/10000;                        //求万位数字只需除以 10000 即可
qw=(num-ww*10000)/1000;               //求千位数字要将万位的减去再除以 1000 即可
bw=(num-ww*10000-qw*1000)/100;        //求百位数字
sw=(num-ww*10000-qw*1000-bw*100)/10;  //求十位数字
```

```
gw=num%10;                          //个位数字只需对 10 进行求余即可得到
//运用 switch 语句实现每位数字和逆序数字的输出
switch(count)
{
case 5:printf("%d %d %d %d %d\n",ww,qw,bw,sw,gw);
       printf("反序数字为: ");
       printf("%d %d %d %d %d\n",gw,sw,bw,qw,ww);
       break;
case 4:printf("%d %d %d %d\n",qw,bw,sw,gw);
       printf("反序数字为: ");
       printf("%d %d %d %d \n",gw,sw,bw,qw);
       break;
case 3:printf("%d %d %d \n",bw,sw,gw);
       printf("反序数字为: ");
       printf("%d %d %d\n",gw,sw,bw);
       break;
case 2:printf("%d %d\n",sw,gw);
       printf("反序数字为: ");
       printf("%d %d\n",gw,sw);
       break;
case 1:printf("%d\n",gw);
       printf("反序数字为: ");
       printf("%d\n",gw);
}
}
```

程序运行结果是：

```
请输入一个整数（0~99999）：5436
count=4
每位数字为：5 4 3 6
反序数字为：6 3 4 5
Press any key to continue
```

任务实现

前面任务 2 中已将存款、取款分别定义为有返回值的函数，本任务的实现继续将其定义为函数，该函数中运用多分支选择结构实现用户功能的选择，然后依据用户选取的功能分别实现相应的功能。

当输入 1 时，则实现取款函数的调用；

当输入 2 时，则实现存款函数的调用；

当输入 3 时，则显示余额；

当输入 4 时，则退出 ATM 机；
当输入其他字符时，则提示输入错误。
代码如下：

```c
void action()                    //密码输入正确进入功能界面，实现自主选择
{
    int select;
    printf("\n\n \t        1--实时取款    2--实时存款        \n");
    printf("\n\n \t        3--查询余额    4--退卡             \n");
    scanf("%d",&select);
    system("CLS");               //清屏的命令。
    if(select==1)                //多分支选择结构实现
        count=draw();
    else if(select==2)
        count=save();
    else if(select==3)
        printf("余额：%d\n\n",count);
    else if(select==4)
        {
            printf("\n\n\t\t 感谢使用\n");
            exit(0); //退出程序
        }
    else
        printf("错误,请重新选择。\n");
}
```

上机实训

1. 编写程序，输入 x 的值，求解函数值。

$$Y=\begin{cases} x & x<1 \\ 2x-1 & 1<=x<10 \\ 3x-11 & x>=10 \end{cases}$$

2. 编写程序，输入 x 的值，求解函数值。

$$Y=\begin{cases} x & x<0 \\ 2x & 0<=x<10 \\ 3x & 10<=x<20 \\ 4x & x>=20 \end{cases}$$

3. 商场打折：若一次消费满 1 000 元及以上，打 85 折；500 元（包含）~1 000 元（不包含）打 9 折；300 元（包含）~500 元（不包含）打 9.5 折；300 以下不打折。从键盘输入消费金额，输出实际支付金额（使用 if 多分支选择结构实现）。

4. 输入 1~7 打印出星期一~星期日（使用 switch 多分支选择结构实现）。

习题

一、选择题

1. 下列关于开关语句的描述中，____是正确的。
   A．开关语句中 default 子句可以没有，也可以有一个
   B．开关语句中每个语句序列中必须有 break 语句
   C．开关语句中 default 子句只能放在最后
   D．开关语句中 case 子句后面的表达式可以是整型表达式
2. 下列关于条件语句的描述中，____是错误的。
   A．if 语句中只有一个 else 子句
   B．if 语句中可以有多个 else if 子句
   C．if 语句中 if 体内不能是开关语句
   D．if 语句中的 if 体中可以是循环体语句
3. 为了避免在嵌套的条件语句 if-else 中产生二义性，C 语言规定 else 子句总是与____配对。
   A．缩排位置相同的 if 语句   B．其之前最近的 if 语句
   C．其之前最后的 if 语句   D．同一行上的 if 语句

二、分析以下程序的运行结果

1.

```
#include<stdio.h>
void main()
{
int a=100,x=10,y=20,ok1=5,ok2=0;
if(x<y)
if(y!=10)
   if(!ok1)
      a=1;
   else
      if(ok2) a=10;
a=-1;
printf("%d\n",a);
}
```

2.

```
#include<stdio.h>
void main()
{
int a=1,b=3,c=5,d=4,x;
if(a<b)
if(c<d) x=1;
  else
```

```
       if(a<c)
         if(b<d) x=2;
         else x=3;
    else x=6;
    else x=7;
    printf("%d\n",x);
}
```

3.

```
#include<stdio.h>
void main()
{
int x=5;
do{
switch(x%2)
{
case 1:x--;break;
case 0:x++;break;
}
x--;
printf("%d\n",x);
}while(x>0);
}
```

任务四　实现密码校验

任务描述

1. 使用 ATM 自助存取款机，用户只有正确输入密码，才可以登录成功，从而进行查询余额或存取款等操作。在输入密码时，还有要求——如果输入密码连续错误三次，则被强制退出。

2. 进入功能选择界面后，用户选择功能操作，操作完成后，可以根据自己需要选择"继续交易"或者"退出"；如果选中"继续交易"，则继续相同操作；选择"退出"，则进入功能页面重新进行功能选择。

知识储备

一、循环概述

前面介绍了程序中常用的顺序结构和选择结构，但在实际中只有这两种结构是远远不够的，还用到循环结构（或者称为重复结构）。例如：

向计算机输入全班 30 位学生的数学成绩（重复 30 次相同的输入操作）；
求前 50 个正整数的和（重复 50 次相同的加法操作）；
验证 50 个学生的学号是否合格（重复 50 次相同的判断操作）；
银行卡密码输入不能超过三次（重复 3 次输入密码操作）。

要处理以上问题，最原始的方法是分别编写若干个相同或者是相似的语句或者程序段进行处理。比如：向计算机输入全班 30 位学生的数学成绩，程序段是：

scanf（"%f"，&math1）；

然后再重复写 29 个同样的程序，虽然这种方法能够实现，但是不可取的，而循环结构恰恰是处理重复操作的。大多数的应用程序都会包含循环结构，循环结构、顺序结构和选择结构是结构化程序设计的三种基本结构，它们是各种复杂程序的基本构成单元。

循环结构是程序设计中一种非常重要的结构，几乎所有的实用程序中都包含循环结构，应该牢固掌握。循环结构是当满足某种循环的条件时，将一条或多条语句重复执行若干遍，直到不满足循序条件为止，这种结构可以使程序简单明了。

循环结构有两种类型：

（1）当型循环结构

用流程图表示当型循环结构如图 1-34 所示，表示当条件 P 成立时，反复执行 A 操作，当条件不成立时循环结束。

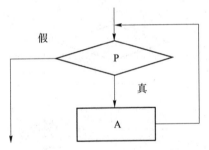

图 1-34　当型循环结构

（2）直到型循环结构

用流程图表示直到型循环结构，如图 1-35 所示。表示先执行 A 操作，再判断条件 P 是否成立，若条件 P 成立，则反复执行 A 操作，直到条件 P 不成立时循环结束。

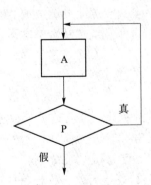

图 1-35　直到型循环结构

C 语言提供了 for、while 以及 do-while 多种循环语句，可以组成各种不同形式的循环结构。为了方便控制程序流程还提供了两个循环辅助控制语句：break 语句和 continue 语句。

二、while 循环

1. 基本形式

while（表达式）语句；
或者是
while（表达式）
{
语句序列；
}

其中的"语句""语句序列"就是循环体。循环体可以是一条简单的语句，也可以是复合语句（用"{}"括起来的若干条语句）。执行循环体的次数是由循环条件控制的，该循环条件就是基本形式中的"表达式"，它也称为循环体条件表达式。当此表达式的值为"真"（非 0 值）时，就执行循环体，为"假"（0 值）时，就不执行循环体。

while 语句的语义是：计算表达式的值，当值为真（非 0）时，执行循环体语句，否则不执行。while 循环体是典型的当型循环结构，其执行过程可用图 1-36 表示。

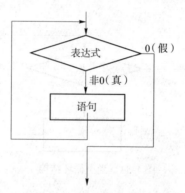

图 1-36　while 循环语句执行过程

> **注意**
>
> （1）while 语句中的表达式一般是关系表达式或者逻辑表达式，但也可以是任意一种类型表达式，只要表达式的值为真(非 0)就可执行循环体。
> 　例如：
> int a,b=5;
> while(a=b){循环体}
> 　题目中表达式是赋值表达式，而该赋值表达式的值为 5，即左值的值，不为 0，则执行循环体。若将 b 的值改成 0，则不执行循环体。
> 　（2）循环体如包含有一条以上的语句，则必须用"{ }"括起来，组成复合语句。
> 　（3）while 语句的特点是先判断表达式，后执行循环体，所以循环有可能一次也不会执行（当表达式第一次计算就为假时）。

2. 实例题目

【例 1-52】 打印 10 个 "*"。

例题分析：

变量的定义：对于循环体来讲实际上就是重复的实现操作，在很多时候需要一个循环体变量来控制循环，打印 10 个 "*"，就是一个重复的操作，需要重复 10 次，为此题目中需要定义一个控制循环次数的整型循环体变量 i，并给其赋初始值为 1。

循环语句的实现：循环体语句中首先确定循环表达式，循环表达式是判定循环是否能执行的先决条件，题目中要求打印 10 个 "*"，则意味着循环体要执行 10 次，为此表达式应为 i<=10（变量的初始值是 1）；循环体就是打印 "*"，同时在每打印完一个 "*" 后，变量 i 的值要加 1，以确保循环能够执行 10 次。

代码实现：

```c
#include<stdio.h>
void main()
{
    int i=1;              //循环体变量的定义及初始化
    while(i<=10)          //循环表达式
    {
        printf("*");      //循环体语句——打印"*"号
        i++;              //循环体变量增值
    }
    printf("\n");
}
```

程序运行结果是：

****

例题分析：循环体语句每打印完一个 "*"，要将 i 的值自加 1，不然没有使程序趋于结束的变量，从而导致程序是无限循环，上述循环语句还可以改为以下语句：

```c
while(i++<=10)            //循环表达式
{
    printf("*");          //循环体语句打印"*"号
}
```

【例 1-53】 求前 100 个正整数的和，即 $\sum_{n=1}^{100} n$。

例题分析：

变量的定义：求取前 100 个正整数的和，首先需要定义一个用来存放和的整型变量 sum，并给其赋初始值 0；还需要定义一个循环体变量 i，其初始值为 1。

循环语句的实现：循环体语句中首先确定循环表达式，循环表达式是判定循环是否能执行的先决条件,题目中要求求取前 100 个数的和,当执行第 1 次循环时求取的是前 1 个数的和,之后再循环求取前 2 个数的和,以此类推,需要重复执行 100 次,循环体表达式应该是 i<=100;循环体语句实际上就是求 sum 的值,第 n 次循环求和 sum 实际上是前(n-1)个数的和加上 n 的值,为此循环体语句是:sum=sum+i;同时每循环完一次,i 的值要加 1。如图 1-37 所示。

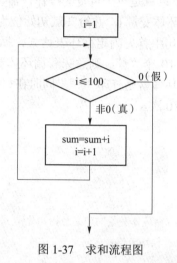

图 1-37 求和流程图

代码实现:

```
#include<stdio.h>
void main()
{
    int i=1,sum=0;           //循环体变量的定义及初始化
    while(i<=100)            //循环表达式
    {
        sum=sum+i;           //循环体语句——求和
        i++;                 //循环体变量增值
    }
    printf("%d\n",sum);
}
```

程序运行结果是:

5050

注意

在使用求和变量 sum 时,要注意其值在使用之前进行清零操作。

【例 1-54】 求 s = 1×2×3×4…10 即 10!。

例题分析:

变量的定义:程序中需要有一个用来存放结果的变量 s,且该变量的初始值要从 1 开始

（这是乘法运算不能将初始值设为 0）；同时用来控制循环的循环体变量 i，该变量恰恰是实现阶乘运算的变量，同时变量的初始值也应该设置为 1。

具体实现：阶乘每次执行的是乘法运算，即 s = s * i；同时要求每循环依次变量要递增 1。

代码实现：

```c
#include<stdio.h>
void main()
{
    int i=1,s=1;            //变量的定义及初始化
    while(i<=10)            //循环表达式
    {
        s=s*i;              //求乘法运算
        i++;                //循环体变量增值
    }
    printf("%d\n",s);
}
```

程序运行结果是：
3628800

总结

（1）循环体中应有使循环趋于结束的语句，在例 4-2 中循环结束的条件是"i>100"，因此应该有使 i 增值以最终导致 i>100 的语句，现用"i++;"语句来达到此目的。如果无此语句，则 i 的值不变，循环永不结束。

（2）在进行求和运算时，不要忽略给 sum 变量赋初始值，否则值将会是不可预测的。

（3）对于 while 语句，循环体的执行次数可能是 0 次。

三、do-while 循环

除了 while 语句以外，C 语言还提供了 do-while 语句来实现循环结构，其

1. 基本形式

do
{
语句
}while（表达式）；

其中表达式是循环条件，语句为循环体，为了清晰，建议把循环体用"{}"括起来。

其执行过程是：先执行循环体中的语句，然后再判断表达式是否为真，如果表达式为真则继续执行循环体；如果为假，则终止循环。

do-while 语句的特点是：先无条件地执行循环体，然后再判断循环条件是否成立，若成立，再执行循环体，这是和 while 语句不同的。因此 do-while 循环语句中，循环体至少执行

1次,是典型的直到型循环体,其执行过程可用图1-38表示。

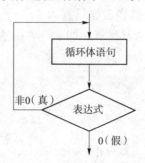

图1-38 do-while循环语句执行过程

> **注意**
> while(表达式)后面的";"不能省略。

2. 实例题目

【例1-55】 打印10个"*"。

代码实现:

```
#include<stdio.h>
void main()
{
    int i=1;           //循环体变量的定义及初始化
    do                 //循环
    {
        printf("*");   //打印"*"号
        i++;           //循环体变量增值
    }while(i<=10);
}
```

程序运行结果是:

```
**********
```

【例1-56】 求前100个正整数的和,即$\sum_{n=1}^{100} n$。

例题分析:

变量的定义:求取前100个正整数的和,首先需要定义一个存放和的整型变量sum,并给其赋初始值0;还需要定义一个循环体变量i,其初始值为1。

循环语句的实现:循环体语句实际上就是求sum的值,第n次循环求和sum实际上是前(n-1)的和加上n的值,为此循环体语句是:sum = sum + i;同时每循环完一次,i的值要加1。循环表达式是判定循环是否继续执行的条件,题目中要求求取前100个数的和,循环体表达式应该是i<=100;用流程图1-39表示。

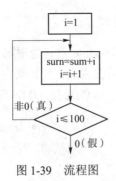

图 1-39 流程图

代码实现：

```
#include<stdio.h>
void main()
{
    int i=1,sum=0;          //循环体变量的定义及初始化
    do                      //循环
    {
        sum=sum+i;          //求和
        i++;                //循环体变量增值
    }while(i<=100);
    printf("%d\n",sum);
}
```

程序运行结果是：

```
5050
```

【例 1-57】 求 s=1×2×3×4…10，即 10!。

代码实现：

```
#include<stdio.h>
void main()
{
    int i=1,s=1;            //变量的定义及初始化
do
{
    s=s*i;                  //求乘法运算
    i++;                    //循环体变量增值
}while(i<=10);              //条件判断
printf("%d\n",s);
}
```

程序运行结果是：

```
3628800
```

3. while 语句和 do while 语句比较

（1）在一般情况下，用 while 和 do-while 语句处理同一问题时，若二者一样（循环表达式一样且循环体语句一样），且 while 后面的表达式一开始就为真（非 0），它们的结果也一样。

（2）如果 while 后面的表达式第一次就为假（0），两者循环体的结果是不同的。

```
#include<stdio.h>
void main()
{
int i=11,sum=0;
do
{
    sum=sum+i;
    i++;
} while(i<=10);
printf("%d\n",sum);
}
```

```
#include<stdio.h>
void main()
{
int i=11,sum=0;
while(i<=10)
{
    sum=sum+i;
    i++;
}
printf("%d\n",sum);
}
```

输出的结果为：11   输出的结果为：0

可以得到结论：两种循环体处理同一问题（循环体相同、循环变量相同），当 while 后面的表达式第一次的值为"真"时，得到的结果相同；否则两者得到的结果不同（这是因为 while 语句是先判断表达式的值再执行循环体，而 do-while 是先执行一次循环体再判断表达式看循环是否继续进行下去）。

四、for 循环

1. 基本知识

除了可以用 while 语句和 do-while 语句实现循环外，C 语言还提供了 for 语句实现循环，而且 for 语句更加灵活，不仅可以用于循环次数已经确定的情况，还可以用于循环次数不确定而只给出循环结束条件的情况，它完全可以替代 while 语句。其基本形式如下：

for（表达式1；表达式2；表达式3）
{
循环体语句;
}

三个表达式的主要作用是：

表达式 1：设置循环初始条件，该表达式在执行循环体过程中只执行一次，可以为零个、一个或者多个变量设置初值。

表达式 2：是循环条件表达式，用来判定是否继续循环。在每次执行循环前，先执行此表达式，由表达式的值决定是否继续执行循环。

表达式 3：通常是循环体变量的步长变化，作为循环的调整，如使循环变量增加或者减少某个固定的值，它是在执行完循环体后才进行的。

这样，上述的 for 语句基本形式就可以改为以下形式：
for（变量赋初值；循环条件表达式；循环变量的变化）
{
循环体语句；
}

注意

循环体语句如果有两条及以上语句，循环体需要用复合语句来表示；变量赋初值在有的情况下是可以给非循环体变量赋值的。

例如：

```
for(sum=0,i=1;i<=10;i++)
{
    sum+=i;
}
```

其中"sum = 0，i=1"是给循环体变量 i 和 sum 变量赋初值；"i <= 10"是循环体的循环条件；当循环体变量 i 的值小于或等于 10 时，循环继续进行，否则循环结束；"i++"的作用是使循环体变量 i 不断地发生变化，以便最终能够满足循环的终止条件，从而使循环结束。

for 语句的执行过程如下：

（1）先求解表达式 1，本例中完成了循环体变量 i 的赋值和非循环体变量 sum 的赋值。

（2）求解表达式 2，若表达式的值为真（非 0 即是真），则执行 for 语句中指定的循环语句，然后执行下面第 3 步；若表达式的值为假（0 即是假），则结束循环，转到第 5 步。

（3）求解表达式 3。本例中执行 i++，是 i 的值自加 1。

（4）转回上面第 2 步继续执行。

（5）循环结束，执行 for 语句下面的一个语句。

其执行过程可用图 1-40 表示。

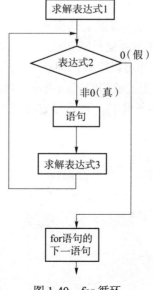

图 1-40　for 循环

> **说明**
> 循环变量赋初值通常是一个赋值语句，它用来给循环控制变量赋初值；循环条件通常是一个关系表达式或者逻辑表达式（也可以是其他任何类型的表达式，例如赋值表达式，算术表达式等等），它决定什么时候退出循环；循环变量增量，定义循环控制变量每循环一次后按什么方式变化。这三个部分之间用";"分开。

例如：

```
for(i=1,a=2;b=a;i++,a--)
{
    循环体语句
}
```

表达式 2 是一个赋值表达式，其表达式的值是左值 b 的值，而这里将 a（a 的值是 2）的值赋给了 b，因此表达式 2 的值为非零值，执行循环体；再执行表达式 3，重新判断表达式 2 是否为真，依次类推。

2. for 循环其他形式

（1）for 语句和 while 语句可以相互转换。for 语句的一般形式：
for（表达式 1；表达式 2；表达式 3）
{循环体语句}
可以改写为其等价的 while 语句形式如下：
表达式 1;
while（表达式 2）
{
循环体语句;
表达式 3;
}
因此在编写程序时可以根据自己的习惯选择相应的循环体语句。

（2）for 循环中的"表达式 1（循环变量赋初值）""表达式 2（循环条件）"和"表达式 3（循环变量的变化）"都是选择项，即可以缺省，但各个表达式间的";"不能缺省。

（3）省略了"表达式 1（循环变量赋初值）"，表示不对循环控制变量赋初值。

（4）省略了"表达式 2（循环条件）"，表示设置循环检查的条件，此时循环将无条件地执行下去，成了死循环。

例如：

```
    for(i=1;;i++)sum=sum+i;
```

相当于：

```
    i=1;
    while(1)
        {sum=sum+i;
        i++;
```

}

这样 i 的值不断加大，sum 的值也不断累加。

（5）省略了"表达式 3（循环变量增量）"，则不对循环控制变量进行操作，为了保证循环有效，可在循环体语句中加入修改循环控制变量的语句。

例如：

```
for(i=1;i<=10;)
{
sum=sum+i;
i++;
}
```

（6）"表达式 1（循环变量赋初值）"和"表达式 3（循环变量增量）"可以省略。

例如：

```
for(;i<=10;)
{sum=sum+i;
    i++;
}
```

（7）3 个表达式都可以省略。

例如：for（;;）语句

相当于：while（1）语句

3. 实例题目

【例 1-58】 打印 10 个"*"。

例题分析：

打印 10 个"*"，在循环过程中只需要有一个变量用来控制能实现 10 次循环就行。

变量的定义：定义一个整型变量 i 即可。

循环体语句的实现：根据应用形式分别书写表达式 1,表达式 2 和表达式 3。表达式 1 是循环变量的初始值，这里给 i 赋初始值为 1；表达式 2 是循环条件，本题目要求打印 10 个星号，为此需循环 10 次，则只需保证 i <= 10 即可；表达式 3 是循环变量增量，每循环一次变量增加 1，打印星号即为循环体语句。

代码实现：

```c
#include<stdio.h>
void main()
{
    int i;                  //循环体变量的定义
    for(i=1;i<=10;i++)
    printf("*");            //打印"*"号
}
```

程序运行结果是：

```
**********
```

【例1-59】 求前100个正整数的和，即 $\sum_{n=1}^{100} n$

例题分析：

变量的定义：定义一个整型变量 i 用来控制循环，同时需要定义一个变量 sum 用来存放和，并将 sum 的初始值设为 0。

循环体语句的实现：根据应用形式分别书写表达式 1，表达式 2 和表达式 3。求取前 100 个正整数的和，即循环体变量的值从 1~100 结束。表达式 1 即 i = 1；表达式 2 是循环条件，i <= 100；表达式 3 是循环变量增量，每循环一次变量增加 1。求和是循环体语句。

代码实现：

```c
#include<stdio.h>
void main()
{
    int i,sum=0;          //变量的定义
    for(i=1;i<=100;i++)
        sum=sum+i;        //求和
    printf("%d\n",sum);
}
```

程序运行结果是：

```
5050
```

【例1-60】 求 s = 1×2×3×4…10，即 10!。

例题分析：

变量定义：依据程序需要定义两个变量 s 和 i，其中 s 存放阶乘的值，i 是循环体变量。

具体实现： 依据 for 循环的 3 个表达式，分别设置变量的初始值，循环体变量的终止条件以及变量的增量，循环体语句是实现阶乘运算。

代码实现：

```c
#include<stdio.h>
void main()
{
    int i,s;                        //变量的定义
    for(i=1,s=1;i<=10;i++)          //在表达式1中实现变量的初始化
        s=s*i;                      //求积
    printf("%d\n",s);
}
```

程序运行结果是:

```
3628800
```

【例 1-61】 求 Fibonacci 数列的前 40 个数,要求每行输出四个数。这个数列有如下特点:第 1,2 个数为 1,1。从第三个数开始,该数是其前面两个数之和。即:

$$\begin{cases} F_1=1 & (n=1) \\ F_2=1 & (n=2) \\ F_n=F_{n-1}+F_{n-2} & (n>=3) \end{cases}$$

例题分析:

变量的定义:程序中需要定义两个变量 f1、f2 分别代表前两个数,从第三个数开始用其前两个数进行求和运算得到,这里不需要定义后面的 f3 等变量,用 f1 取代 f1 + f2 的值,这时 f1 代表了第三个数的值,再执行 f2 + f1(这时 f1 实际上是 f3 的值)便可求出第四个数的值,并用 f2 取代,每循环一次求出两个数,依次类推,只需要循环 20 次便可求出 40 个数。需要循环求值,为此还要定义一个循环体变量 i。

循环体语句的实现:循环中设置 3 个表达式的值,在循环体语句中,每循环一次,先输出 f1 和 f2 的值,之后进行 f1 + f2 的处理。要求每行输出 4 个数,即循环体每循环两次便换一次行,运用 if 语句实现,表达式是 i%2 是否等于 0。

代码实现:

```c
#include<stdio.h>
void main()
{
  int i,f1=1,f2=1;              //变量的定义
  for(i=1;i<=20;i++)            //每循环输出两个数,故循环 20 次
{
  printf("%12d %12d ",f1,f2);   //以 12 个宽度输出两个数
  if(i%2==0) printf("\n");      //四个数一换行,即循环两次便换行
  f1=f1+f2;                     //计算后一位数,并存放在 f1 中
  f2=f2+f1;                     //计算后两位数,并存放在 f2 中
  }
}
```

程序运行结果是:

```
           1           1           2           3
           5           8          13          21
          34          55          89         144
         233         377         610         987
        1597        2584        4181        6765
       10946       17711       28657       46368
       75025      121393      196418      317811
      514229      832040     1346269     2178309
     3524578     5702887     9227465    14930352
    24157817    39088169    63245986   102334155
```

> **总结**
>
> （1）用 while 和 do-while 循环时，循环变量初始化的操作应在 while 和 do-while 语句之前完成，而 for 语句可以在表达式1中实现循环变量的初始化。
> （2）for 语句的功能更强，凡用 while 循环能完成的，用 for 循环都能实现。

五、break 与 continue 语句

上文介绍的实例都是根据事先指定的循环条件正常执行和终止循环，但在很多情况下需要提前结束正在执行的循环操作。比如，征集慈善募捐，总金额达到 15 万元就结束。该问题需要用循环来解决，但是事先并不能确定循环次数，只是在每次募捐时需要判断一下得到的总金额是否超过 15 万元，如果超过则终止循环，如果没有超过，则继续募捐。在 C 语言中可以使用 break 语句和 continue 语句来实现提前终止循环。

1. break 语句

基本形式：

```
break;
```

break 语句不能用于循环语句和 switch 语句（开关语句）之外的任何其他语句中。

当 break 语句用于开关语句 switch 中时，可使程序跳出 switch 语句继而执行 switch 以后的语句；如果没有 break 语句，则将继续执行 switch 语句而无法退出。break 语句在 switch 语句中的用法已在前面介绍开关语句时的例子中讲到，这里不再举例。

当 break 语句用于 do-while、for、while 循环语句中时，使流程跳到循环体语句之外，提前结束循环，接着执行循环体下面的语句，通常 break 语句总是与 if 语句联在一起，即满足条件时便跳出循环。

【例 1-62】 输入一个大于 3 的整数 n，判定它是否为素数，如果是输出"yes"，否则输出"no"。

例题分析：

素数又称质数，指在一个大于 1 的自然数中，除了 1 和此整数自身外，不能被其他自然数整除的数。例如，13 是素数，因为它不能被 2，3，4…12 整除。判断一个素数最简单的方法是让 n 被 2～（n-1）的数除，如果所有的数都不能被整除，则 n 为素数。

实现的过程是一个典型的 for 语句，具体实现如下：

变量的定义：定义一个整型变量 n，一个循环体变量 i。

变量的初始化：n 的值需要从键盘上输入（满足大于 3 即可，为此需要一个条件语句实现 n 大小的判断）。

循环语句的实现：for 语句中表达式 1 是变量 i 的初始值，i=2；循环的终止值是 i＜ n（i 最大到 n-1），变量的增量是 i++。采用的具体算法是：让 n 被 i 除，如果 n 能被 i 在变化过程中任何一个整数整除，则提前结束循环，此时 i 必然小于或者等于 k；如果 n 不能被 i 在变化过程中任何一个整数整除，则完成循环后，i 还要加 1，因此 i=n，循环自动结束。

判断：循环后判别 i 的值是否等于 k，若是，则表明未曾被 2～（n-1）之间任一整数整

除过,则为素数,输出"yes",否则输出"no"。

代码实现:

```c
#include<stdio.h>
void main()
{
int n,i;                    //变量的定义
scanf("%d",&n);
if(n<=3)                    //判断是否输入大于3的数字
printf("数据输入有错!\n");
else
 {
for(i=2;i<n;i++)            //判断素数的循环过程
  if(n%i==0) break;         //能被整除就退出
if(i==n)                    //循环后判定素数
printf("yes!\n");
  else
printf("no!\n");
 }
}
```

程序运行结果是:

```
56
no!
Press any key to continue
```

上述解题方法的循环次数是最大情况,判断素数还有一个更加简便的方法:让 n 被 2~n 的平方根除,如果都不能被整除,则 n 为素数。

【改进算法】变量的定义:定义一个整型变量 n,一个循环体变量 i,一个变量 k;变量的初始化:n 的值需要从键盘上输入,k 的值是 n 的平方根。循环语句的实现:for 语句中表达式 1 是变量 i 的初始值,i = 2;循环的终止值是 i <= k,变量的增量是 i++。采用的具体算法是:让 n 被 2~k 除,如果 n 能被 2~k 之中任何一个整数整除,则提前结束循环,此时 i 必然小于或者等于 k;如果 n 不能被 2~k 之间任何一个整数整除,则完成循环后,i 还要加 1,因此 i = k + 1,循环自动结束。

判断:循环后判别 i 的值是否大于等于 k+1,若是,则表明未曾被 2~k 之间任一整数整除过,则为素数,输出"yes",否则输出"no"。

代码实现:

```c
#include<stdio.h>
//求取平方根的函数 sqrt 在头文件 math 中定义
#include<math.h>
```

```c
void main()
{
int n,k,i;                    //变量的定义
scanf("%d",&n);
if(n<=3)                      //判断是否输入大于3的数字
printf("数据输入有错！");
else
  {
  k=sqrt(n);                  //求取平方根
  for(i=2;i<=k;i++)           //判断素数的循环过程
    if(n%i==0) break;         //能被整除就退出
  if(i>=k+1)                  //循环后判定素数
    printf("yes!\n");
  else
    printf("no!\n");
  }
}
```

2. continue 语句

基本形式：

continue;

continue 语句只能运用在循环体语句中，作用是结束本次循环，即跳过循环体中下面尚未执行的语句，继续进行下一次是否执行循环的判定。

continue 语句和 break 语句的区别是：continue 语句只结束本次循环，而不是终止整个循环的执行；而 break 语句则是结束整个循环过程，不再判断执行循环的条件是否成立。

【例 1-63】 输出 100～200 能被 3 整除的数。

例题分析：

将 100～200 能被 3 整除的数输出是一个循环过程，我们可以将该循环首先写成将 100～200 的整数输出，之后再进行条件判断，如果该数不能被 3 整除则终止本次循环，即不输出数据，进而继续下一次循环是否执行的判定。

变量的定义：定义一个循环变量 i 即可。

循环语句的实现：for 语句中表达式 1 是变量 i 的初始值，i=100；循环的终止值是 i<=200；变量的增量是 i++。循环体是：如果 i 不能被 3 整除则执行 continue 语句；输出 i 的值。

代码实现：

```c
#include<stdio.h>
void main()
{
int i;                        //定义变量
for(i=100;i<=200;i++)         //for 循环
```

```
{
    if(i%3!=0) continue;            //不能被 3 整除结束本次循环,继续判断下一次
    printf("%d",i);                 //打印 i 的值
}
}
```

程序运行结果是:

```
102 105 108 111 114 117 120 123 126 129 132 135 138 141 144 147 150 153 156 159
162 165 168 171 174 177 180 183 186 189 192 195 198
```

思考

上例中如果要求每输出 6 个数换行,该如何实现?请读者上机自行实现。

说明

(1)上述例题实际上可以不使用 continue 语句,直接将循环体中的语句改为 "if(i%3==0) printf ("%d", i);" 即可,在实际编程中读者根据自己的习惯实现即可。
(2)continue 语句常与 if 条件语句一起使用,用来加速循环。
(3)continue 语句并不是终止整个循环,而是提前结束本次循环。

六、循环嵌套

一个循环体内又包含另一个完整的循环体结构,称为循环的嵌套。三种循环结构(while 循环,do while 循环和 for 循环)可以相互嵌套。for 循环体中的语句可以再是一个 for 语句,这变成了 for 循环嵌套,本节主要讲解该种形式的嵌套。

基本形式是:
```
for(;;)
{
for(;;)
 {...}
}
```
或者:
```
while()
{ while()
  {...}
}
```

【例 1-64】 用星号打印出 4*4 正方形。

例题分析:

这是一个典型的 for 循环嵌套,4*4 正方形,可以将其分解成 4 行,而每行有 4 个星号,而行恰恰是外层的循环,而每行的 4 个星号便是内层循环。

变量的定义：题目中需要定义两个变量分别作为外层和内层的循环变量。

循环语句的实现：每层循环都是循环四次，则循环变量的初值和终止值可以是 1 和 4，循环语句就是打印星号，但是在每打印完一行星号后要换行，以便打印下一行。

代码实现：

```c
#include<stdio.h>
void main()
{
  int i,j;                //循环体变量的定义
  for(i=1;i<=4;i++)       //外层循环，控制行数
  {
    for(j=1;j<=4;j++)     //内层循环，打印星号
      printf("*");        //打印"*"号
    printf("\n");         //换行
  }
}
```

程序运行结果是：

该程序可以改写成一层 for 循环：

```c
for(j=1;j<=4;j++)
    printf("****\n");
```

如若每行打印的星号很多，用双层 for 循环会更加简洁。

七、循环结构拓展练习

【例 1-65】 求 sum = 1 + 1 / 2 + 1 / 4 + … + 1 / 50

例题分析：

变量定义：题目中需要定义一个用来存放和的实型变量 sum 和一个循环体控制变量 i。

具体实现：sum 的初始值为 1（初始值设为第一项 1，以后在运算时不累加第一项），循环体变量 i 从 2 开始。从题目中可以发现分子全部是 1，分母除第一项外全部是偶数，即 i 从 2~50，每次递增 2，数列的通项为：1 / i。该循环能明确地得到循环体变量的初值，变量的终止条件和变量的步长值，可以使用 for 语句实现。

代码实现：

```c
#include<stdio.h>
void main()
{
```

```c
float sum=1;                //定义变量
int i;                      //定义变量
for(i=2;i<=50;i+=2)         //步长值为2
{
    sum+=1.0/i;             //进行求和，等价于sum=sum+1.0/i;
}
printf("sum=%f\n",sum);
}
```

程序的运行结果是：

```
sum=2.907979
Press any key to continue
```

> **思考**
> 循环体中为什么写"sum += 1.0 / i;"而不是"sum += 1/i;"。

请读者运用while语句实现上面程序。

【例 1-66】 从键盘上连续输入字符，并统计出大写字母的个数，直到输入"换行"字符结束。

例题分析：

变量的定义：需要定义一个字符型变量 c 用来接受从键盘上输入的字符，一个整型变量 count 用来存放大写字母的个数。

具体实现： count 变量的初始值应为 0（它属于计数器，在使用计数器之前要将其值清零），而 c 的值是运用字符输入函数得到的。在连续输入字符中计算大写字母的个数是循环问题，在该循环体中如果输入的字符是"\n"（即回车键），则退出整个循环，若不是"\n"则只需判断输入的字符是否是 A~Z，如果满足条件则计数。流程图如图 1-41 所示。

代码实现：

```c
#include<stdio.h>
void main()
{
    char ch;                         //定义字符变量用来接受键盘输入的字符
    int count=0;                     //定义计数器并清零
    while(1)                         //循环条件永远为真
    {
        ch=getchar();                //从键盘输入一个字符
        if(ch=='\n')  break;         //如果c的值是换行则跳出循环
        if(ch>='A'&&ch<='Z')  count++;  //如果是大写字母，计数器加1
    }
    printf("count=%d\n",count);
}
```

程序运行结果是:

```
djhSDS223x
count=3
Press any key to continue_
```

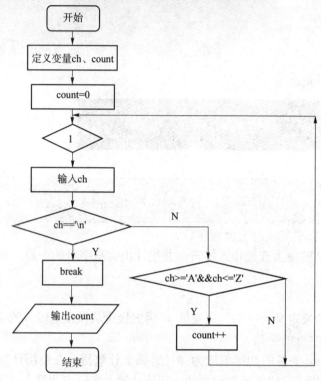

图 1-41　流程图

【例 1-67】　从键盘读入 10 个数,编写程序求该 10 个数中的最大值。

例题分析:

变量的定义:任意 10 个数,需要定义一个变量 x 表示输入的数据,定义变量 max 用来存放最大值,而找出 10 个数的最大值需要运用循环,则需要定义循环体变量 i 控制循环次数。

具体实现:首先读入一个数,存入 x 中,将它设为最大值:"max = x;";依次读入其他数,与最大值 max 进行比较,若比最大值 max 大,则用当前的值代替 max 中的值,如此循环 9 次;最后输出最大值。流程图如图 1-42 所示。

代码实现:

```c
#include<stdio.h>
void main()
{
    int i,x,max;                    //定义变量
    printf("Please input data:");
    scanf("%d",&x);                 //首先输入一个数 x
    max=x;                          //将 x 赋给 max,设定比较基准值
```

```
for(i=1;i<10;i++)              //循环9次,输入9个数并比较
  {
    scanf("%d",&x);
    if(max<x)  max=x;          //若max比x小,则将x赋给max
  }
printf("The max data is:%d\n",max);
}
```

程序运行结果是:

```
Please input data:78 90 34 56 3 6 7 99 -3 70
The max data is:99
Press any key to continue
```

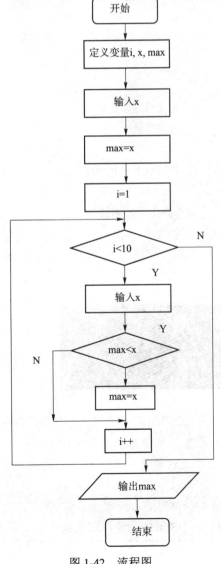

图1-42　流程图

> **注意**
>
> 程序运行时连续输入10个数，要用空格或者回车键来区分。

【例1-68】 用循环语句打印下列图案：
```
*
**
***
****
*****
```

例题分析：

这是一个典型的可采用循环嵌套来实现的问题。该图案中一共有5行，打印时需要一行一行的进行，为此需要定义一个代表行数的变量i，i的值为1～5。同时图案中每行字符个数与所在行数有关，即第i行有i个星号，设j表示第i行中字符的个数，j的值为1～i。

代码实现：

```c
#include<stdio.h>
void main()
{
 int i,j;              //定义循环体变量
 for(i=1;i<=5;i++)     //控制行数
  {
   for(j=1;j<=i;j++)   //控制输出*的个数
     printf("*");
   printf("\n");       //每输出一行后换行
  }
}
```

程序运行结果是：

```
*
**
***
****
*****
```

> **注意**
>
> （1）一个循环必须是完完整整地嵌套在另一个循环体内，不能出现交叉现象。
> （2）多层循环的执行顺序是：最内层先执行，当内层循环执行结束后，再由内向外逐层展开。
> （3）三种循环语句构成的循环可以相互嵌套。
> （4）并列循环允许使用相同的循环变量，但是嵌套循环不允许。

任务实现

在设计 ATM 自助存取款机时，只要用户不输入选项 4 就可以一直进行相关操作，为此在存取款函数中使用循环来实现，当用户实现相关业务后对用户询问是否需要继续操作，如果想继续操作则继续循环，如果不想继续操作则循环结束。

整个 ATM 自助存取款机代码实现如下：

```c
#include<stdio.h>
#include<stdlib.h>              //引用头文件
void welcome ();                //欢迎页面函数
int test();                     //密码校验函数
void action();                  //功能实现函数
int draw();                     //取款函数
int save();                     //存款函数
int count=50000;                //这是银行卡内原有的余额
main()                          //主函数只需要调用欢迎函数以及功能实现函数即可
{
    welcome();
    action();
}
void welcome()                  //定义欢迎界面welcome，在该界面中输入密码
{
    printf("\t\t ********************************************** \n");
    printf("\t\t*                                              *\n");
    printf("\t\t* |                                          | *\n");
    printf("\t\t* |                                          | *\n");
    printf("\t\t* |          欢迎使用建设银行ATM机            | *\n");
    printf("\t\t* |                  ^_^                     | *\n");
    printf("\t\t* |                                          | *\n");
    printf("\t\t* |                                          | *\n");
    printf("\t\t* |_____| *\n");
    printf("\t\t ********************************************** \n\n\n");
    printf("请输入您的密码：");
}
int test ()         //密码输入验证test，当密码输错三次则自动退出,函数返回输入的密码
{
    int i,key;
    for(i=1;i<=3;i++)
    {
        scanf("%d",&key);
```

```c
            system("CLS");
            if(key==123456)
                break;
            else if(i==3)
            {
                printf("密码错误三次,退出系统。\n");
                break;
            }
            else
                printf("密码错误,请重新输入。");
        }
return key;}
void action()               //密码输入正确进入功能界面,实现自主选择
{
    int select;
    if(test()==123456)//密码在这里。
        {
            for(;;)
            {
                printf("\n\n \t          1—实时取款     2—实时存款          \n");
                printf("\n\n \t          3—查询余额     4—退卡              \n");
                scanf("%d",&select);
                system("CLS"); //清屏的命令。
                if(select==1)
                    count=draw();
                else if(select==2)
                    count=save();
                else if(select==3)
                    printf("余额: %d\n\n",count);
                else if(select==4)
                {
                    printf("\n\n\t\t 感谢使用\n");
                    break;
                }
                else
                    printf("错误,请重新选择。\n");
            }
        }
}
/*取款draw函数,并判定是否符合取款规范,同时可以根据用户需要选择继续交易还是返回,并返回
```

余额*/
```
intdraw()
{
    int out,t;
    for(;;)
    {       printf("请输入取款额度：");
            scanf("%d",&out);
            system("CLS");
            if(out>count)
                printf("余额不足\n\n");
            else if(out%100!=0)
                printf("请输入100的整数倍\n\n");
            else
            {
                printf("取款成功\n\n");
                count-=out;
                printf("请选择：\n        1—继续交易 2—返回\n");
                scanf("%d",&t);
                system("CLS");
                if(t==1)
                    continue;
                if(t==2)
                    break;
                else
                {
                    printf("操作有误。\n");
                    break;
                }
            }
        }
    return count;
}
```
/*存款save函数，并判定是否符合存款规范，同时可以根据用户需要选择继续交易还是返回，并返回余额*/
```
intsave()
{
    int j,in;
    for(;;)
    {
        printf("请输入存款额度：");
```

```
            scanf("%d",&in);
            system("CLS");
            if(in%100!=0)
            {
                printf("请输入100的整数倍\n\n");
                continue;
            }
            else
                printf("存款成功\n\n");
            count+=in;
            printf("请选择：\n\n\t\t1--继续交易\t\t2--返回\n");
            scanf("%d",&j);
            system("CLS");
            if(j==1)
                continue;
            if(j==2)
                break;
            }
return count;}
```

上机实训

1. 输出 28 到 78 之间数的和。
2. 打印 100 个星号。
3. 输出 1～100 中奇数之和。
4. 输出 1 到 50 之间的能被 5 整除的数。
5. 用星号打印 5*7 的长方形。
6. 输入一行字符，分别统计出其中字母、数字、空格和其他字符的个数。
7. 猴子偷桃问题：猴子第一天摘下若干个桃子，当即吃了一半，还不过瘾，又多吃了一个。第二天早上又将剩下的桃子吃掉一半，又多吃了一个。以后每天早上都吃了前一天剩下的一半零一个。到第 10 天早上再想吃时，就只剩下一个桃子了。求第一天共摘了多少个桃子？
8. 输出从 1 到 N 的累加和超出 100 的最小整数 N。
9. 求 100 到 200 之间的全部质数，要求每行输出 5 个数据。
10. 在屏幕上输出
```
      *
     ***
    *****
```

习题

一、选择题

1. 下列说法中正确的是_____。

A. while 语句是先执行循环体后进行判断，如果循环表达式为假则退出循环，反之继续循环

B. do-while 语句是先执行循环体后进行判断，如果循环表达式为假则退出循环，反之继续循环

C. break 语句只能用于循环体语句中

D. 执行 continue 语句意味着循环体已经结束

2. 下列有关 break 语句说法中是_____错误的。

A. break 语句可以用在 switch 语句中

B. break 语句用在循环中意指退出本循环

C. break 语句只能用在循环体语句中

D. break 语句的书写方法是：break

3. 有如下程序段

```
int n=9;
while(n>6) {n--; printf("%d",n);}
```

该程序段的输出结果是_____。

A. 987　　　B. 876　　　C. 8 765　　　D. 9 876

4. 要想结束本次循环，应使用的语句是_____。

A. break　　　B. goto　　　C. continue　　　D. 不确定

5. 在 C 语言的 while 循环语句中，用作条件的表达式是_____。

A. 任意表达式　　B. 算术表达式　　C. 赋值表达式　　D. 逗号表达式

6. 已知：int i, x; 下列 for 循环的循环次数是_____。

```
for(i=0,x=0;!x&&i<=5;i++)x++;
```

A. 5次　　　B. 6次　　　C. 1次　　　D. 无限

7. 已知 int i = 5; 下述 while 循环执行次数是_____。

```
while(i=0) i--;
```

A. 0次　　　B. 1次　　　C. 5次　　　D. 无限

8. 下列关于循环体的描述中，_____是错误的。

A. 循环体语句中可以出现 break 语句和 continue 语句

B. 循环体语句中还可以出现循环体语句

C. 循环体语句中不能出现 if 语句

D. 循环体语句中可以出现开关语句

二、分析以下程序的运行结果

1.

```
#include<stdio.h>
void main()
{
```

```
int x=5;
do{
switch(x%2)
{
case 1:x--;break;
case 0:x++;break;
}
x--;
printf("%d\n",x);
}while(x>0);
}
```

2.

```
#include<stdio.h>
void main()
{
int i=0;
while(++i)
{
if(i==10) break;
if(i%3!=1) continue;
printf("%d\n",i);
}
}
```

3.

```
#include<stdio.h>
void main()
{
int i=1;
do
{
i++;
printf("%d\n",i);
if(i==7) break;
}while(i==3);
printf("ok!\n");
}
```

项目二 学生学籍管理系统

项目导入

项目一将 C 程序中的基础知识以及控制语句讲解完毕，但还没有实现对批量数据的处理，比如批量数据的输入、输出、存储、查找、删除、排序等。同时这些数据的处理均需要在函数中完成，为此设计了能够将批量数据处理的函数、复杂数据类型以及文件信息存储结合起来的学生学籍管理系统。在该系统中主要实现学生基本信息的录入、查询、删除、修改、排序、保存至文件以及输出等功能，依据用户输入的选项实现对应的功能，如图 2-1 所示。

图 2-1 学籍管理系统初始页面

项目分析

本项目需要使用结构体、数组来实现学生数据模型的建立，使用函数实现学生基本信息的不同处理方式，使用算法实现学生信息的增、删、改、查、排序等，使用指针实现数据的快速访问，使用文件实现学生信息的读写。

本项目主要讲解数组的定义与使用，结构体的定义与使用，函数参数的传递，指针的定义与使用以及文件的读与写。

能力目标

能够使用构造类型定义学生数据模型；
能够实现数据的增、删、改、查，以及排序等基本算法；
能够调用函数实现批量数据处理；
能够实现数据的读与写；
能够使用指针实现数据的快速访问。

知识目标

掌握一维数组的定义与使用；
掌握二维数组的定义与使用；
掌握字符数组的定义与使用；
理解结构体类型的含义，并实现结构体类型的定义与使用；
掌握有参函数的定义与调用；
掌握函数参数的传递原理；
理解指针的访问原理；
掌握指针实现数据访问的基本形式；
掌握文件读写操作。

任务一 建立学生数据模型以及处理数据

任务描述

学生学籍中包含有学生姓名、学号、性别以及年龄，创建一个学生模型保证每个学生变量均有上述基本信息，并对批量的学生信息进行处理（信息输入、按需查找、按需删除、修改、信息输出等）。

知识储备

一、数组的必要性

项目一中使用的变量均属于基本数据类型，例如整型、字符型以及实型，这些属于简单数据类型。对于简单的数据处理问题，使用这些简单的数据就足够了。但是对于处理批量数据而言，再使用简单数据类型时难以反映出数据的特点，同时处理的效率也会降低。例如，要求计算全班 20 位学生的英语平均成绩，如何实现呢？从理论上看思路是很简单的：把这 20 位学生的英语成绩加起来，再除以 20 即可。那这 20 位学生的英语成绩如何表示呢？按照所学的知识我们可以定义 20 个整型变量 score1，score2…score20 来分别代表这 20 位学生的英语成绩。但是问题来了，如果不是 20 位学生，是 100 位，是不是需要定义

100 个表示成绩的变量呢？同时这 20 个英语成绩变量没有反映出它们是同一个班级、同一门课程的属性。

在程序设计中，为了处理方便，把具有相同类型的若干变量按有序的形式组织起来，这些按序排列的同类数据元素的集合称为数组。在 C 语言中，数组属于构造数据类型。一个数组可以分解为多个数组元素，这些数组元素可以是基本数据类型或是构造类型。上例中我们可以给这个班级取名为 class，而在名字的右下角加一个数字用来表示这是第几位学生的英语成绩，例如 class1，class2…class20。这个右下角的数组称为下标，具有相同属性的数据就组成了数组，class 就是数组名。

（1）数组是一组具有相同类型的有序数据的集合，数据中的每一个元素都属于同一个数据类型，不同数据类型的数据不能放在同一个数组中，数组中的下标代表数据在数组中的序号。

（2）用数组名和下标来唯一确定数组中的元素，例如 class2 代表第 2 位学生的英语成绩。

按数组元素的类型不同，数组又可分为数值数组、字符数组、指针数组、结构体数组等各种类别。

二、一维数组

1. 一维数组的定义

一维数组是数组中最简单的，它的元素只需要用数组名加下标就能唯一确定。前面讲的全班英语成绩数组 class 就是一维数组。在 C 语言中使用数组必须先进行定义。

定义一维数组的基本形式为：

类型说明符 数组名 [常量表达式];

其中：

类型说明符是任一种基本数据类型或构造数据类型，比如整型、字符型、浮点型；数组名是用户定义的数组标识符，其命名规则和变量名相同，要遵循标识符的命名规则；方括号中的常量表达式表示数组元素的个数，也称为数组的长度。

例如：

```
    int a[5];              //定义了一个一维的整型数组 a, 含有 5 个元素
```

经过上面的定义，编译器在内存中给数组 a 分配一段连续的存储单元（在 Visual C++中，分配 4 * 5 = 20 个字节）用来存放数组 a 的所有元素，在内存中存储的方式如图 2-2 所示。

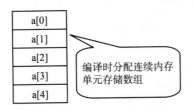

图 2-2 一维数组存储示意图

```
    float b[10],c[20];     /*定义了两个一维的浮点型数组, 数组名分别 b, c, 其中数组 b 含有 10
个元素, 数组 c 含有 20 个元素*/
    char ch[10];           //定义了一个字符数组 ch, 含有 10 个元素。
```

对于数组类型说明应注意以下几点：

（1）数组的类型实际上是指数组元素的取值类型。对于同一个数组，其所有元素的数据类型都是相同的。

（2）数组名的书写规则应符合标识符的书写规定。

（3）在同一个函数中数组名称不能与其他变量名相同。

例如：

```
main()
{
int b;              //定义了一个整型变量b
float b[20];        //定义了一个一维的实型数组b
……
}
```

在函数中出现同名的数组名和变量名是错误的。

（4）方括号中常量表达式表示数组元素的个数，a[5]表示数组a有5个元素。但是其下标从0开始计算。因此其5个元素分别为a[0]，a[1]，a[2]，a[3]，a[4]。

（5）C语言中的数组要求是定长的数组，不能在方括号中用变量来表示元素的个数，但是可以使用符号常量。

【符号常量知识点】

在C语言中，可以用一个标识符来表示一个常量，称之为符号常量。

符号常量在使用之前必须先定义，其一般形式为：

#define 标识符 常量

其中，#define 是一条编译预处理命令（编译预处理命令都以"#"开头），称为宏定义命令，其功能是在程序中出现该标识符的地方用其后的常量值来进行代换。例如有如下定义：

#define PI 3.14

则在程序中出现 PI 的地方就用 3.14 来代换。

【例2-1】 符号常量的使用

```
#include<stdio.h>           //这是编译预处理命令,引入头文件
#define PI 3.14              //定义符号常量 PI
void main()                  //定义主函数
{
    float r,area,circle;     //定义变量
    r=3.0;                   //初始化变量 r
    circle=2*PI*r;
    area=PI*r*r;
    printf("circle=%f,area=%f\n", circle,area);
}
```

程序中出现 PI 的地方，均用 3.14 来进行替换。

> **注意**
> 符号常量后面不能加";",否则编译系统就会认为标识符代表的就是"常量;"这个整体,那结果将会是意想不到的值。

使用符号常量的好处是:

(1)含义清楚:在定义符号常量名时应考虑其基本含义,做到"见名知意",例题中运用 PI,从程序中就了解它代表圆周率。

(2)能做到"一改全改":程序中若将符号常量所代表的值进行修改,只需要将定义处进行修改即可,能够做到"一改全改"。例 1-1 中,如果将圆周率改为 3.141 59,只需要将符号常量定义处改动即可,不需要在程序中进行修改。

> **提示**
> 在 C 程序中通常为了与变量名区别,符号常量用大写字母来表示。但这并不是规定,读者可以根据自己的习惯命名。

例如:

```
#define FD 5
main()
{
int a[3+2],b[FD];
……
}
```

上面数组的定义是合法的。
但是下述说明方式是错误的:

```
main()
{
int n=5;
int a[n];
……
}
```

n 是变量,定义数组时不能使用变量来定义数组的长度。

(6)允许在同一个类型说明中,说明多个数组和多个变量。

例如:int a,b,c,s1[10],s2[20];

在定义整型变量 a,b,c 的同时定义整型数组 s1 和 s2。

2. 一维数组元素的引用

数组元素是组成数组的基本单元,数组元素也是一种变量,其标识方法为数组名后跟一个下标,下标表示了该元素在数组中的顺序号。在 C 语言中规定用方括号"[ ]"来表示数组的下标。

引用数组元素的一般形式为：
数组名[下标]

> **提示**
> 其中下标可以是整型常量，也可以是整型常量表达式，同时也可以是变量，只要保证下标值不越界即可。

> **说明**
> 数组元素引用时下标从 0 开始。

定义数组时用到的"数组名[常量表达式]"和引用数组元素时用的"数组名[下标]"形式相同，但是含义和使用方法均不相同。

例如：

有一整型数组如下：int a[5],t;

```
int a[5];    /*这里的 a[5]表示数组 a 中含有 5 个元素，一旦定义完数组后，a[5]这个元素是不存在的*/
t=a[3];      //这里的 a[3]表示引用数组中下标为 3 的元素
```

数组 a 含有 5 个元素，分别是 a[0]，a[1]，a[2]，a[3]，a[4]，同时引用数组元素时也可以使用变量，int i=3; printf("%d\n", a[i]);

数组元素通常也称为下标变量，必须先定义数组，才能使用下标变量。在引用数组元素时只能引用具体的数组元素，并不能一次引用整个数组元素。

例如：输出有 5 个元素的数组使用循环语句逐个输出各个下标变量：

```
for(i=0; i<5; i++)
  printf("%d ",a[i]);
```

而不能用一个语句输出整个数组，下面的写法是错误的：

```
printf("%d ",a);
```

【例 2-2】 定义一个一维数组包含 6 个元素，通过键盘对数组元素进行赋值，并输出各元素的值。

例题分析：通过键盘对一维数组的元素赋值是一个单层循环过程，在使用循环时注意数组元素的引用是从下标 0 开始的。

代码实现：

```
#include<stdio.h>
void main()
{
int a[6],i;
printf("请输入数组元素的值：");
for(i=0;i<6;i++)          //数组元素下标从 0 开始，最大值为 5
  scanf("%d",&a[i]);
```

```
printf("数组元素的值分别是：");
for(i=0;i<6;i++)
  printf("%d ",a[i]);
printf("\n");
}
```

程序运行结果是：

```
请输入数组元素的值: 1 2 3 4 5 6
数组元素的值分别是: 1 2 3 4 5 6
Press any key to continue
```

【例2-3】 定义一个一维整型数组包含有5个元素，要求对5个元素依次赋值为0，1，2，3，4，并要求按照逆序输出元素的值。

例题分析：首先需要定义一个长度为5的一维数组，由于赋值与访问数组元素下标相吻合，因此可以使用循环来赋值。同样用循环来输出数组元素，在输出时按照下标从大到小的顺序输出。

变量的定义：需要定义一个数组和一个循环体变量。

具体实现：运用循环实现一维数组的赋值和一维数组的逆序输出。

代码实现：

```
#include<stdio.h>
void main()
{
int a[5],i;
for(i=0;i<5;i++)         //数组元素下标的最大值为4
  a[i]=i;
for(i=0;i<5;i++)
  printf("%d",a[i]);
printf("\n");
}
```

程序运行结果是：

```
0 1 2 3 4
Press any key to continue
```

3. 一维数组初始化

通常情况下，常在定义数组的同时给数组的各个元素赋值，这称为数组的初始化，在C语言中可以用"初始化列表"法实现对数组元素的初始化，数组初始化是在编译阶段进行的，这样将减少运行时间，提高效率。具体分为以下几种情况：

（1）在定义数组的同时对全部数组元素初始化。基本形式是：

类型说明符数组名［常量表达式］=｛值，值，……值｝;

其中，"{}"中的各数据值即为各元素的初值，各值之间用逗号间隔。

例如：

```
int a[10]={ 0,1,2,3,4,5,6,7,8,9 };
```

将数组中各元素的初值顺序放在"{}"内，括号内的数据称为"初始化列表"，经过定义和初始化之后，相当于 a［0］=0；a［1］=1…a［9］=9；

在对全部数组元素赋初值时，根据{}内数据的个数就可以确定数组元素的个数，因此可以不指定数组的长度。例如：

```
int a[10]={0,1,2,3,4,5,6,7,8,9};
```

可以写成

```
int a[]={0,1,2,3,4,5,6,7,8,9};
```

（2）可以只给数组中的部分元素赋初值。当"{ }"中值的个数少于元素个数时，只给前面部分元素赋值，后面数组元素的值系统自动设置为 0（整型数组），'\0'（字符型数组），0.0（实型数组）。

例如：

```
int a[10]={0,1,2,3,4};
```

表示只给 a［0］~a［4］前 5 个元素赋值，而后 5 个元素自动赋 0 值。

> **注意**
> 在给部分元素赋初值时，定义数组时数组的长度不能省略。

（3）只能给元素逐个赋值，不能给数组整体赋值。

例如：给 10 个数组元素全部赋初值 1，只能写为：

```
int a[10]={1,1,1,1,1,1,1,1,1,1};
```

而不能写为：

```
int a[10]=1;
```

4. 一维数组实例题目

【例 2-4】 在元素值互不相同的一维数组中查找与给定值 x 相等的数据元素，并输出其下标。

例题分析：

变量的定义：根据题目要求需要定义两个整型变量 i 和 x 以及整型数组 num［10］。num［10］用来存放 10 个待比较的整数；x 用于存储待查找的整数；i 用来表示数组的下标。

具体实现：利用循环将 x 值与数组 num 中的元素依次进行比较，循环有两种结束的可能，一种是找到与 x 值相同的元素，此时用 break 语句直接跳出循环；另一种是 num 中的元素均与 x

值不相等,此时以 i＝10,即不再满足循环条件 i＜10 而结束循环。最后,如果 i＝10,说明在数组中没找到 x 值,否则,证明找到了 x 值,此时输出此值在数组中的下标 i。

代码实现：

```c
#include<stdio.h>
void main()
{
    int num[10],i,x;
    for(i=0;i<10;i++)
    {
        scanf("%d",&num[i]);              /*输入数组各元素值*/
    }
    printf("输入要查找的值:");
    scanf("%d",&x);
    for(i=0;i<10;i++)
    {
        if(num[i]==x)
            break;                        /*如果找到要查找的值,终止查找*/
    }
    if(i==10)                             /*i=10 表示查找到最后,仍未找到*/
        printf("该数在数组中不存在!\n");
    else
        printf("该数在数组中的下标是%d\n",i);
}
```

程序运行结果是：

```
1 2 3 4 5 6 7 8 9 10
输入要查找的值:6
该数在数组中的下标是5
Press any key to continue
```

输入一个不是数组中的元素：

```
1 2 3 4 5 6 7 8 9 10
输入要查找的值:12
该数在数组中不存在
Press any key to continue
```

【例 2-5】 在一维数组的第 i 个元素位置上插入一个值为 x 的新元素。

例题分析：

变量的定义：根据题目要求需要定义整型数组 a[10],用于存储数据序列及插入后的数据。还需定义三个整型变量 i、j、x。其中 i 为第 i 个元素的位置,x 用来表示要插入的数据，j 用来表示移动时的循环变量。

具体实现：首先判断插入位置是否正确，即插入位置必须在 0～9 内，不能超出数组元素下标。在确定了插入位置（即在第 i 个元素位置插入）后，从后向前，从倒数第二个数据元素开始到第 i+1 个元素，依次后移（即 a[j]=a[j-1]），空出第 i 个元素位置后，将数据 x 插入到 a[i]即可（即 a[i]=x）。

代码实现：

```c
#include<stdio.h>
int main()
{
    int a[10]={1,2,3,4,5,6,7,8,9};
    int i,j,x;
    printf("请输入要插入的数据:");
    scanf("%d",&x);
    printf("请输入要插入的第 i 个元素的位置:");
    scanf("%d",&i);
    if(i<0||i>9)
      {
        printf("插入位置无效");
        return 0;
      }
    for(j=9;j>i;j--)           /*从第 i 个元素开始，依次后移一位*/
        a[j]=a[j-1];
    a[i]=x;                    /*将 x 值插入到第 i 个元素的位置上*/
    printf("插入数据后的序列为:\n");
    for(j=0;j<=9;j++)
        printf("%d",a[j]);
    printf("\n");
}
```

程序运行结果是：

```
请输入要插入的数据:12
请输入要插入的第i个元素的位置:4
插入数据后的序列为:
1 2 3 4 12 5 6 7 8 9
```

【例 2-6】 将一维数组的第 i 个元素删除。

例题分析：

变量的定义：根据题目要求需要定义整型数组 a[10]，用于存储数据序列。还需定义两个整型变量 i、num。其中 num 表示要删除元素的序号，i 表示移动的循环变量。

具体实现：首先判断 num 是否合法，即 num 必须为 0～9，不能超出数组元素下标范围。在确定了删除位置（即删除序号为 i 的元素）后，从前向后，从第 num+1 个元素开始到第 9 个元素，依次前移（即 a[i]=a[i+1]），即完成第 num 个元素的删除。

代码实现：

```c
#include<stdio.h>
void main()
{
    int a[10]={1,2,3,4,5,6,7,8,9,10};
    int i,num;
    printf("输入要删除元素的序号:");
    scanf("%d",&num);
    if(num<0||num>9)                /*判断是否有序号为 num 的元素*/
    {
        printf("不存在第%d 个元素",num);
        return;
    }
    for(i=num;i<10;i++)             /*将待删除元素之后的所有元素依次前移一位*/
        a[i]=a[i+1];
    a[9]=0;
    printf("输出数组元素:");
    for(i=0;i<9;i++)                /*删除元素之后实际上有效的值减少*/
        printf("%d ",a[i]);
    printf("\n");
}
```

程序运行结果是：

```
输入要删除元素的序号:5
输出数组元素:1 2 3 4 5 7 8 9 10
Press any key to continue
```

> **说明**
> 数组中的删除实际上并不是真正意义上的删除，因为数组的长度在程序运行期间的固定不变的，为此这里所说的"删除"，实际上是将要删除的数据用它后面的数据依次覆盖掉，为此最终在输出时实际上输出的长度要小于原有的长度。

三、二维数组

1. 二维数组的定义

在数据处理过程中，有时只有一维数组是不够用的。例，现有两个班级，一班有 20

人，二班有30人，要想访问这50人需要确定以下两个条件：①是几班的？②是该班的第多少号？为此产生了二维数组，其元素要指定两个下标才能唯一的确定，如2班第5人。二维数组常称为矩阵，在C语言中通常把二维数组写成行与列的排列形式。

二维数组定义的一般形式是：

类型说明符数组名[常量表达式1][常量表达式2];

其中，常量表达式1表示第一维下标的长度，常量表达式2表示第二维下标的长度。C语言中第一维下标代表的是行数，第二维下标代表的是列数。

例如：

```
int a[3][4];
```

> **注意**
> 在定义二维数组中不能写成 int a [3，4];

上例中定义了一个3行4列的二维数组，数组名为a，该数组的共有3×4个下标变量，即：

a[0][0], a[0][1], a[0][2], a[0][3]
a[1][0], a[1][1], a[1][2], a[1][3]
a[2][0], a[2][1], a[2][2], a[2][3]

硬件存储器是连续编址的，也就是说存储器单元是按一维线性排列的。如何在一维存储器中存放二维数组，可有两种方式：一种是按行排列，即存放完一行之后顺次放入第二行；另一种是按列排列，即放完一列之后再顺次放入第二列。在C语言中，二维数组是按行排列的，上述二维数组a[3][4]的存储方式如图2-3所示。

| a[0][0] |
| a[0][1] |
| a[0][2] |
| a[0][3] |
| a[1][0] |
| a[1][1] |
| a[1][2] |
| a[1][3] |
| a[2][0] |
| a[2][1] |
| a[2][2] |
| a[2][3] |

图2-3 二维数组存储示意图

2. 二维数组元素的引用

二维数组的元素也称为双下标变量，其表示的形式为：

数组名[行下标][列下标]

其中，下标可以是整型常量、整型表达式、整型变量。

例如：a[3][4]表示a数组中行序号为3、列序号为4的元素。

> **说明**
>
> （1）下标变量和数组说明在形式中有些相似，但这两者具有完全不同的含义。数组说明的方括号中给出的是某一维的长度，即可取下标的最大值；而数组元素中的下标是该元素在数组中的位置标识。前者只能是常量，后者可以是常量、变量或表达式。

例如：int a[3][4]；代表数组 a 有 3 行 4 列，访问具体数组元素时可以表示为 a[i][j]，i的取值范围是0~2，j的取值范围是0~3，也可以表示为a[1+1][2]。

（2）不要写成a[2,3]，a[2-1,2*2-1]形式，二维数组中访问需要两个下标变量。

（3）数组元素可以出现在表达式中，也可以被赋值。

例如：b[1][1]=a[1][2]/2；

（4）在使用数组元素时，应该注意下标值应在已定义的数组大小的范围内。

常出现的错误有：

```
int a[3][4];          /* 定义a为3×4的数组 */
…
a[3][4]=3;
```

3. 二维数组元素的初始化

二维数组初始化也可以在类型说明时给各下标变量赋以初值，用"初始化列表"对其进行赋值，可按行分段赋值，也可按行连续赋值。具体分为以下几种情况：

（1）分行给二维数组初始化。例如：

```
int a[3][3]={{80,75,92},{61,65,71},{59,63,70}};
```

这种赋值方法比较直观，把第 1 个{}内的数据赋给第 1 行的元素，把第 2 个{}内的数据赋给第 2 行的元素……即按行赋值。

按行赋值时，可以省略第一维数组的长度，如上例等价于：

```
int a[][3]={{80,75,92},{61,65,71},{59,63,70}};
```

系统会根据{}的个数确定行数。

（2）可以将所有数据写在一个{}内，按数组元素在内存中的排列顺序对各元素赋初值。例如：

```
int a[3][3]={80,75,92,61,65,71,59,63,70};
```

如对全部元素赋初值，则第一维的长度可以不给出。

例如：

```
int a[2][3]={1,2,3,4,5,6};
```

可以写为：

```
int a[][3]={1,2,3,4,5,6};
```

系统会根据元素的总个数和第二维的长度算出第一维的长度。数组中共有 6 个元素，每行 3 个元素，显然行数应该是 2。

（3）可以只对部分元素赋初值，未赋初值的元素自动取 0 值。

例如：

```
int a[3][3]={{1},{2},{3}};              //行数可以省略
```

是对每一行的第一列元素赋值，未赋值的元素取 0 值。赋值后各元素的值为：

```
1 0 0
2 0 0
3 0 0
int a[3][3]={{0,1},{},{3}};             //行数可以省略
```

赋值后的元素值为：

```
0 1 0
0 0 0
3 0 0
```

例如：

```
int a[2][3]={1,2,3};这种形式第一维长度不能省略。
```

（4）数组是一种构造类型的数据。二维数组可以看作是由一维数组的嵌套而构成的。设一维数组的每个元素又是一个数组，就组成了二维数组。当然，前提是各元素类型必须相同。根据这样的分析，一个二维数组也可以分解为多个一维数组，C 语言允许这种分解。

如二维数组 a[3][4]，可分解为三个一维数组，其数组名分别为：

```
a[0]
a[1]
a[2]
```

对这三个一维数组不需另作说明即可使用。这三个一维数组都有 4 个元素，例如：一维数组 a[0]的元素为 a[0][0]，a[0][1]，a[0][2]，a[0][3]。

必须强调的是，a[0]，a[1]，a[2]不能当作下标变量使用，它们是数组名，不是一个单纯的下标变量。

4. 二维数组实例

【例 2-7】 使用键盘给一个 2 行 3 列的二维数组初始化，并输出结果。

例题分析：二维数组需要使用两个变量，分别代表行和列，同时二维数组是一个典型的 for 循环的嵌套。依据二维数组是以行优先顺序存放，为此行属于外层循环体，列属于内层循环体。

代码实现：

```c
#include<stdio.h>
void main()
{
int a[2][3],i,j;              //定义行变量 i、列变量 j
printf("请输入二维数组的值：");
for(i=0;i<2;i++)              //2 行，行下标从 0 开始
  for(j=0;j<3;j++)            //3 列，列下标从 0 开始
    scanf("%d",&a[i][j]);
printf("二维数组元素的值是：");
for(i=0;i<2;i++)
  for(j=0;j<3;j++)
    printf("%d", a[i][j]);
printf("\n");
}
```

程序运行结果是：

```
请输入二维数组的值：1 2 3 4 5 6
二维数组元素的值是：1 2 3 4 5 6
Press any key to continue
```

【例 2-8】 在值互不相同的二维数组中查找与给定值 x 相等的数据元素，并返回其所在行和列。

例题分析：

变量的定义：定义整型二维数组 a[2][3]，用于存放数据。定义整型变量 i、j、x，其中 i 表示二维数组的行循环变量，j 表示二维数组的列循环变量，x 表示要查找的值。

具体实现： 由于是二维数组，本题用到了循环的嵌套，外层循环表示数组的行，内层循环表示数组的列，应用循环将 x 值与二维数组的每一个元素进行比较，若相等，则输出该元素所在的行和列，并退出本层循环，无需比较；若已经找到相同的数值，则列的下标值是不大于 2 的，因此退出整个循环。如果到循环结束也没有元素与 x 值相等，此时行下标一定是大于 1 的，则说明该数在数组中不存在。

代码实现：

```c
#include<stdio.h>
void main()
{
    int a[2][3],i,j,x;
    printf("输入数组元素:");
    for(i=0;i<=1;i++)
      for(j=0;j<=2;j++)
```

```
        {
          scanf("%d",&a[i][j]);
        }
    printf("输入要查找的值:");
    scanf("%d",&x);
    for(i=0;i<=1;i++)
      { for(j=0;j<=2;j++)
        {
          if(a[i][j]==x)
          { printf("该数在数组中的下标是 i=%d,j=%d\n",i,j);
            break;
          }
        }
        if(j<=2) break;
      }
    if(i>1)
        printf("该数在数组中不存在!\n");
}
```

程序运行结果是:

```
输入数组元素:1 2 3 4 5 6
输入要查找的值:4
该数在数组中的下标是i=1,j=0
Press any key to continue
```

输入一个不属于数组中的值:

```
输入数组元素:1 2 3 4 5 6
输入要查找的值:12
该数在数组中不存在!
Press any key to continue
```

【例2-9】 将一个二维数组行和列元素互换,存到另一个二维数组中。

例题分析:

变量的定义:定义整型二维数组 a[2][3],用于存放数据,定义另一个整型二维数组 b[3][2],用于存储数组 a 行列互换之后的结果。定义整型变量 i、j,用于表示二维数组元素 a[i][j]。

具体实现: 首先,利用循环嵌套输入数组 a 的各元素值,然后,输出数组 a 的各元素值,每输出一个的同时,将该元素值存于行列互换的数组 b 的对应元素中,最后,输出数组 b 中各元素的值,即数组 a 行列互换的结果。

代码实现:

```c
#include <stdio.h>
void main()
```

```c
{
    int a[2][3],b[3][2],i,j;
    for(i=0;i<=1;i++)
      for(j=0;j<=2;j++)
        scanf("%d",&a[i][j]);          /*输入二维数组 a 的值*/
    printf("array a:\n");
    for(i=0;i<=1;i++)
    {
      for(j=0;j<=2;j++)
      {
        printf("%5d",a[i][j]);         /*输出二维数组 a 的值*/
        b[j][i]=a[i][j];               /*将数组 a 行和列元素互换,存到二维数组 b 中*/
      }
      printf("\n");
    }
    printf("array b:\n");
    for(i=0;i<=2;i++)
    {
      for(j=0;j<=1;j++)
        printf("%5d",b[i][j]);
      printf("\n");
    }
}
```

程序运行结果是：

```
1 2 3 4 5 6
array a:
    1    2    3
    4    5    6
array b:
    1    4
    2    5
    3    6
Press any key to continue_
```

四、字符数组

1. 字符数组的定义

用来存放字符数据的数组是字符数组，字符数组中的一个元素存放一个字符。定义字符数组的方法与定义数值型数组的方法类似：

char 数组名[数组长度];（一维字符数组）

char 数组名[数组长度] [数组长度];（二维字符数组）

一维字符数组，用于存储和处理一个字符串，其定义格式与一维数值型数组一样。例如：char c [10]；定义了一个一维字符数组，包含 10 个元素，即 10 个字符。

二维字符数组，用于同时存储和处理多个字符串，其定义格式与二维数值数组一样。例如：char c [5] [10]；定义了一个二维字符数组，有 5 行 10 列，即包含有 5 个字符串，每个字符串含有 10 个字符。

2. 字符数组的初始化

对字符数组初始化，也可以使用"初始化列表"形式进行，把各个字符依次赋给数组中的元素。

（1）一维字符数组：通过为每个数组元素指定初值字符来实现字符数组的初始化。

例如：char c [10] = { 'I', ' ', 'a', 'm', ' ', 'h', 'a', 'p', 'p', 'y' };

（2）二维字符数组：通过为每个数组元素指定初值字符来实现字符数组的初始化。

例如：char a [3] [3] = {{ 'a', 'b', 'c' }, { 'd', 'e', 'f' }, { 'g', 'h', 'i' }};

（3）同数值型数组一样，在给一维字符数组初始化时，如果是对全部元素赋初值，则长度可以省略；在给二维字符数组初始化时，如果是按行来进行初始化或者全部元素以列表形式初始化，行下标可以省略。

以上初始化方法是运用字符来给字符数组初始化，但在程序中很少使用。C 语言中可以使用字符串来给字符数组进行初始化，既简单又明确，具体方式如下：

（1）直接用字符串常量初始化。

例如：char c [11] = { "I am happy" }；通常情况下，{}可以省略，即：

char c [11] = "I am happy"；这样简单明了。

（2）可以省略数组长度。

```
char c[ ] = "I am happy";        //省略了数组的长度11，为什么是11而不是10？
```

C 语言中没有专门的字符串变量，通常用一个字符数组来存放一个字符串。前面介绍字符串常量时，已经说明字符串总是以"\0"作为串的结束符。因此当把一个字符串存入一个数组时，也把结束符"\0"存入数组，并以此作为该字符串是否结束的标志。有了"\0"标志后，就不必再用字符数组的长度来判断字符串的长度了。

用字符串方式赋值比用字符逐个赋值要多占一个字节，用于存放字符串结束标志 '\0'。上面的数组 c 在内存中的实际存放情况如图 2-4 所示。

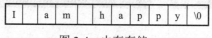

图 2-4 内存存储

"\0"是由 C 编译系统自动加上的。由于采用了"\0"结束标志，所以在用字符串赋初值时一般无须指定数组的长度，而由系统自行处理。例如：char a [ ] = "Hello World!"；系统会默认为 13 元素。

（3）初始化二维字符数组，二维字符数组实际上就是多个等长的字符串的集合。

```
char c[3][10]={"China","Japan","American"};
```

> **注意**
> （1）每个字符串均有字符串结束标志"\0"，为此"I am happy"加上"\0"就是11个长度。

因此：char c [10] = { 'I', ' ', 'a', 'm', ' ', 'h', 'a', 'p', 'p', 'y' };与

```
char c[]="I am happy"l
```

是不等价。

例如：

```
char c[10]={'c',' ','p','r','o','g','r','a','m','\0'}与char c[]="c program"等价。
```

具体在内存中存放如图 2-5 所示。

c[0]	c[1]	c[2]	c[3]	c[4]	c[5]	c[6]	c[7]	c[8]	c[9]
c	⌴	p	r	o	g	r	a	m	\0

图 2-5　字符数组

（2）如果在定义字符数组时不进行初始化，则数组中各元素的值是不可预料的。
（3）如果{}中提供的初值个数（即字符个数）大于数组长度，则按语法错误处理。
（4）如果初值个数小于数组长度，则只将这些字符赋给数组中前面那些元素，其余的元素自动定为空字符（即 '\0'）。
（5）如果提供的初值个数与预定的数组长度相同，在定义时可以省略数组长度，系统会自动根据初值个数确定数组长度。

例如：
char c [10] = { 'I', ' ', 'a', 'm', ' ', 'h', 'a', 'p', 'p', 'y' };数组 c 的长度自动定为 10，内存中具体存放如图 2-6 所示。

C[0]	c[1]	c[2]	c[3]	c[4]	c[5]	c[6]	c[7]	c[8]	c[9]
I	⌴	a	m	⌴	h	a	p	p	Y

图 2-6　数组存储

3. 字符数组的引用

字符数组的逐个字符引用，与引用数值数组元素类似，下标仍是从 0 开始。

【例 2-10】　逐个输出字符数组元素

```
#include <stdio.h>
void main()
{
    int i,j;
    char a[][5]={{'B','A','S','I','C',},{'d','B','A','S','E'}};
    for(i=0;i<2;i++)
    {
```

```
        for(j=0;j<5;j++)
          printf("%c",a[i][j]);
        printf("\n");
    }
}
```

程序运行结果是：

```
BASIC
dBASE
Press any key to continue_
```

4. 字符数组的输入输出

除了上述用字符串赋初值的办法外，还可用 printf 函数和 scanf 函数对字符串进行输入输出。

（1）逐个字符的输入输出，运用格式符"%c"输入或输出一个字符。

【例2-11】 利用循环语句输入、输出字符串 hello。

```c
#include<stdio.h>
void main()
{
  char a[6];
  int i;
  printf("请输入字符: ");
  for(i=0;i<6;i++)
     scanf("%c",&a[i]);
  printf("\n");
  printf("字符数组是: ");
  for(i=0;i<6;i++)
     printf("%c",a[i]);
  printf("\n");
}
```

程序运行结果是：

```
请输入字符: hello
字符数组是: hello
Press any key to continue
```

注意

在使用"%c"格式输入字符时中间如果加空格，那相对应的字符值就是空格。

（2）将整个字符串一次输入或输出，用"%s"格式符一次性输入输出一个字符串。

【例2-12】 使用 printf 函数和 scanf 函数，输入输出字符串 hello。

```
#include<stdio.h>
void main()
{
  char a[6];
  printf("请输入字符串：");
  scanf("%s",a);
  printf("\n");
  printf("字符串是：");
  printf("%s",a);
  printf("\n");
}
```

程序运行结果是：

```
请输入字符串：hello
字符串是：hello
```

> **注意**
> （1）用"%s"格式符输入或输出字符串时，scanf 函数或 printf 函数中的输入或输出项均是字符数组名，而不是数组元素。如：写成下面这样是不对的：printf（"%s"，ch[0]）;
> （2）用"%s"格式符输入字符串时，字符数组的长度至少要大于字符串中可见字符个数+1。如本例中输入的字符串"hello"中可见字符的个数是 5，而字符串有结束标志'\0'，则数组 a 的长度至少为 6。
> （3）如果数组长度大于字符串实际长度，也只输出到遇'\0'结束，输出字符不包括结束符'\0'。

例如：

```
char c[10]={"China"};       /* 字符串长度为5，连'\0'共占6个字节 */
printf("%s",c);
```

只输出字符串的有效字符"China"，而不是输出 10 个字符。这就是用字符串结束标志的好处。

（3）如果一个字符数组中包含一个以上"\0"，则遇第一个"\0"时输出就结束。
（4）利用一个 scanf 函数输入多个字符串。

【例2-13】 使用 printf 函数和 scanf 函数，输入输出 How are you。

```
#include<stdio.h>
void main()
```

```
{
    char str1[5],str2[5],str3[5];
    scanf("%s%s%s",str1,str2,str3);
    printf("%s %s %s\n",str1,str2,str3);
}
```

程序运行结果是：

```
How are you
How are you
Press any key to continue
```

注意

如果利用一个 scanf 函数输入多个字符串，则在输入时以空格分隔。输入数据：How are you，系统会将"How"赋给第 1 个字符数组，"are"赋给第 2 个字符数组，"you"赋给第 3 个字符数组，未被赋值的元素的值自动置 '\0'，数组各元素的值如图 2-7 所示：

H	o	w	\0	\0
a	r	e	\0	\0
y	o	u	?	\0

图 2-7　数组元素值

若将程序改为：

【例 2-14】

```
#include<stdio.h>
void main()
{
char str[13];
scanf("%s",str);
printf("%s\n",str);
}
```

如果输入 How are you，结果如何呢？

```
How are you
How
Press any key to continue
```

由于系统把空格字符作为输入的字符串之间的分隔符，因此只将空格前的字符"How"送到 str 中。由于把"How"作为一个字符串处理，故在其后加 '\0'。因此，输出结果为 How。

五、字符串处理函数

在 C 函数库中提供了一些专门用来处理字符串的函数,形式简单,使用方便,下面介绍几种常见的字符串处理函数。

1. 字符串输出函数——puts 函数

基本格式:puts(字符数组名)

功能:把字符数组中的字符串(以'\0'结束的字符序列)输出到终端(显示器),即在屏幕上显示该字符串。

【例 2-15】 字符串输出函数使用

```
#include"stdio.h"
void main()
{
    char c[]="BASIC";
    puts(c);
}
```

结果请读者自行分析。

2. 字符串输入函数——gets 函数

基本格式:gets(字符数组名)

功能:从标准输入设备(键盘)上输入一个字符串,并且得到一个函数值,即为该函数值是字符数组的首地址。

【例 2-16】 字符串输入函数使用

```
#include"stdio.h"
main()
{
char st[15];
printf("请输入字符串:\n");
gets(st);
puts(st);
}
```

程序运行结果是:

```
请输入字符串:
new book
new book
Press any key to continue
```

> **注意**
>
> 　　可以看出当输入的字符串中含有空格时，输出仍为全部字符串。说明 gets 函数并不以空格作为字符串输入结束的标志，而只以回车作为输入结束，这是与使用 scanf 函数"%s"输入字符串不同的。

3. 字符串连接函数 strcat

基本格式：strcat(字符数组名 1,字符数组名 2)

功能：把两个字符数组中的字符串连接起来，把字符数组 2 的字符串连接到字符数组 1 字符串的后面，并删去字符串 1 后的字符串结束标志"\0"。本函数返回值是字符数组 1 的首地址。

【例 2-17】　字符串连接函数使用

```
#include"stdio.h"
#include"string.h"
void main()
{
char str1[30]={"How "};
char str2[10]={"are you"};
printf("%s\n",strcat(str1,str2));
}
```

程序运行结果是：

```
How are you
Press any key to continue_
```

> **注意**
>
> 　　（1）字符数组 1 应定义足够的长度，否则不能全部装入被连接的字符串。
> 　　（2）使用字符串处理函数时要在文件开头加上#include "string.h"，把字符串处理文件包含在本文件中。
> 　　（3）连接前两个字符串都有"\0"，连接时将字符串 1 后面的"\0"取消，只在新字符串最后保留"\0"。

4. 字符串拷贝函数 strcpy

基本格式：strcpy(字符数组名 1,字符数组名 2)

功能：把字符数组 2 中的字符拷贝到字符数组 1 中。字符串结束标志"\0"也一同拷贝。字符数组 2 也可以是一个字符串常量。这时相当于把一个字符串赋予一个字符数组。

【例 2-18】　字符串拷贝函数使用

```
#include"stdio.h"
```

```
#include"string.h"
void main()
{
    char st1[15],st2[]="C Language";
    strcpy(st1,st2);
    puts(st1);
    printf("\n");
}
```

> **注意**
>
> （1）本函数要求字符数组 1 应有足够的长度，否则不能全部装入所复制的字符串。
>
> （2）使用字符串处理函数时要在文件开头加上#include "string.h"，把字符串处理文件包含在本文件中。
>
> （3）不能用赋值语句将一个字符串常量或字符数组直接赋给一个字符数组。下面的两行是不合法的：

str1 = "China"; //企图用赋值语句将一个字符串常量直接赋给一个字符数组
str1 = str2; //企图用赋值语句将一个字符数组直接赋给另一个字符数组

只能用 strcpy 函数将一个字符串复制到另一个字符数组中。

5. 字符串比较函数 strcmp

基本格式：strcmp(字符数组名 1,字符数组名 2)
功能：按照 ASCII 码顺序比较两个数组中的字符串，并由函数返回值返回比较结果。

　　　　字符串 1=字符串 2，返回值=0
　　　　字符串 1＞字符串 2，返回值＞0
　　　　字符串 1＜字符串 2，返回值＜0

本函数也可用于比较两个字符串常量，或比较字符数组和字符串常量。

> **说明**
>
> （1）字符串比较的规则是：将两个字符串自左向右逐个比较（按照 ASCII 值大小比较），直到出现不同的字符或者是遇"\0"为止。
>
> （2）如全部字符相同，则认为两个字符串相等。
>
> （3）若出现不相同的字符，则以第 1 对不相同的字符比较的结果为准。例如："computer" ＞ "compare" 第一个不同的是 u 和 a。
>
> （4）使用字符串处理函数时要在文件开头加上#include "string.h"，把字符串处理文件包含在本文件中。

【例 2-19】 字符串比较函数使用

```
#include"stdio.h"
#include"string.h"
void main()
```

```
{
  int k;
  char st1[15],st2[]="C Language";
  printf("请输入一个字符串:\n");
  gets(st1);
  k=strcmp(st1,st2);
  if(k==0) printf("st1=st2\n");
  if(k>0)  printf("st1>st2\n");
  if(k<0)  printf("st1<st2\n");
}
```

程序运行结果是：

```
请输入一个字符串:
china
st1>st2
Press any key to continue
```

6. 计算字符串长度函数 strlen

基本格式： strlen(字符数组名)
功能：测字符串的实际长度(不含字符串结束标志 '\0')，并作为函数返回值。

【例 2-20】 计算字符串长度函数使用

```
#include"stdio.h"
#include"string.h"
void main()
{
int k;
char st[]="C language";
k=strlen(st);
printf("字符串长度为：%d\n",k);
}
```

程序运行结果是：

```
字符串长度为：10
Press any key to continue
```

7. 字符串实例题目

【例 2-21】 从键盘输入由 5 个字符组成的单词，判断此单词是不是 hello，并给出提示信息。

例题分析：

变量的定义：根据题目要求需要定义一个一维字符数组 a，用于存放字符串"hello"，另外定义一个一维字符数组 b[5]用于存储从键盘输入的字符串，还要定义两个整型变量 i 和 flag，i 作为循环变量，用于比较对应的数组元素，flag 作为两单词是否相等的判断标志。

具体实现：先从键盘输入一个单词赋值给数组 b，并给 flag 赋初值为 0。然后利用循环，将数组 a 和 b 对应位置上的字符进行比较，看是否相等，只要对应位置上的字符不相等，则 flag 赋值为 1，并利用 break 直接终止循环。因为，只要有一个字符不相等，两字符串必不相等。最后，通过判断 flag 的值，输出两单词是否相等的提示信息。

代码实现：

```c
#include<stdio.h>
void main()
{
    char a[]={"hello"};
    char b[5];
    int i,flag;
    scanf("%s",b);            /*输入字符串给数组b*/
    flag=0;                   /*判断标志flag初始为0*/
    for(i=0;i<5;i++)          /*对应位置的字符进行比较*/
    {
        if(b[i]!=a[i])
        {
            flag=1;
            break;
        }
    }
    if(flag)                  /*根据flag值,判断输入单词是否为hello*/
        printf("This words is not hello\n");
    else
        printf("This words is hello\n");
}
```

程序运行结果是：

```
china
This words is not hello
Press any key to continue
```

【例 2-22】 用代码实现 strlen 函数功能。

例题分析：

变量的定义：定义一维数组 string[20]，用于存储字符串。另外，还需定义两个整型变量 i 和 count，其中 string[i]用于在循环时取每一个数组元素（即字符串中的每一个字符），count 用于存储字符串长度。

具体实现：利用 gets()函数从键盘上输入一个字符串，并存于一维数组 string 中，利用 while 循环取数组中的元素（即字符串中的字符），每取一个字符，count 加 1，直到遇到字符串结束符 "\0" 为止，此时 count 的值即为字符串长度。

代码实现：

```c
#include<stdio.h>
void main()
{
   char string[20];
   int i=0,count=0;          // count 是长度计数器初始值为 0
   gets(string);             /*输入字符串到数组 string 中*/
   while(string[i]!='\0')    /*利用循环统计字符个数*/
   {
     count++;
     i++;
   }
   printf("字符串长度为：%d\n",count);
}
```

程序运行结果：

```
china
字符串长度为：5
Press any key to continue
```

【例 2-23】 用代码实现 strcpy 函数功能。

例题分析：

变量的定义：定义两个二维数组 source [20]、target [20]，其中 source [20]用于存储原字符串，target [20]用于存储复制过来的字符串。另外，定义整型变量 i 为循环变量，用于在循环时取 source [20]中的每个字符复制到 target [20]中。

具体实现：利用 gets()函数从键盘上输入一个字符串，并存于一维数组 source [20]中。利用 while 循环取数组 source 中的元素（即字符串中的字符），每取一个字符，赋值给数组 target 对应的元素，从而实现字符串的复制，最后将字符串结束标志 "\0" 赋给数组 target 最后一个元素。

代码实现：

```c
#include<stdio.h>
void main()
{
   char source[20],target[20];
```

```
    int i=0;
    puts("请输入一个字符串：");
    gets(source);              /*输入字符串到数组 source 中*/
    while(source[i]!='\0')
    {
      target[i]=source[i];     /*将数组 source 中的元素赋值给数组 target 中的对应元素，
                                  即复制*/
      i++;
    }
    target[i]='\0';
    puts(target);              /*输出数组 target 中的字符串*/
}
```

程序运行结果是：

```
请输入一个字符串:
C program
C program
Press any key to continue_
```

六、数组部分能力拓展

【例2-24】 用数组来处理,求解 Fibonacci 数列的前 20 项，要求每输出 5 个换行。

Fibonacci 数列：1，1，2，3，5，8，13…

例题分析：

变量的定义：定义一维数组 f[20]，用于存储 Fibonacci 数列的前 20 项，另外定义整型变量 i，用于循环计算并输出 Fibonacci 数列 3～20 项的值。

具体实现：由数列特点，推理得出数列中各项的计算方法为：$a_1 = a_2 = 1$，$a_n = a_{n-1} + a_{n-2}$。因此初始时将数组中 f[0]、f[1]两项赋初值为 1，利用循环得出第 3～20 项的值为 f[i]=f[i-2]+f[i-1]，程序实现的流程图如图2-8所示。

代码实现：

```
#include <stdio.h>
void main()
{
    int i;
    int f[20]={1,1};                /*前两项赋值为1，后面各项初值默认为0*/
    for(i=2;i<20;i++)
        f[i]=f[i-2]+f[i-1];
    for(i=0;i<20;i++)
```

```
    {
        if(i%5==0) printf("\n");          /*每输出5个数换行*/
        printf("%12d",f[i]);
    }
    printf("\n");
}
```

程序运行结果是：

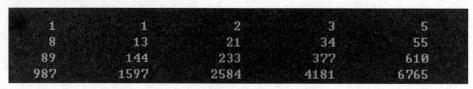

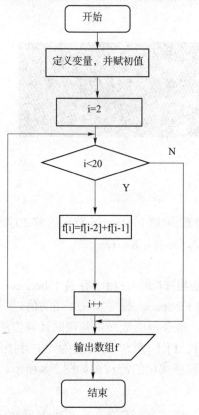

图 2-8 求解 Fibonacci 数列流程图

【例 2-25】 编写程序，打印如下的杨辉三角形。

```
1
1   1
1   2   1
1   3   3   1
1   4   6   4   1
1   5   10  10  5   1
```

例题分析：

变量的定义：定义符号常量 N，用于表示所需打印的杨辉三角的最大行、列数；定义二维数组 yh[N][N]，用于存储杨辉三角的各数值；另外，定义整型变量 row、col，分别表示行和列的循环变量。

具体实现： 杨辉三角形的特点是，第 1 列和对角线上的值均为 1，其他元素值均是其前一行同一列元素与前一行前一列元素值之和。另一特点是最大行数等于最大列数。因此，先将第 1 列和对角线上的值均赋值为 1，再按规则计算各行各列中间的值，最后，打印出杨辉三角形。

代码实现：

```c
#include<stdio.h>
#define N  6                              /*定义需要打印的杨辉三角的最大行数与列数*/
void main ()
{
   int yh[N][N];                          /*定义保存杨辉三角的值的数组*/
   int row,col;                           /*定义行循环变量和列循环变量*/
   for(row=0;row<N;row++)
   {
     yh[row][0]=1;                        /*每行的最开头一列均赋值为1*/
     yh[row][row]=1;                      /*对角线上的元素赋值为1*/
   }
   /*从row=2行开始,中间的元素需要计算*/
   for(row=2;row<N;row++)
   {
     for(col=1;col<row;col++)             /*第row行上最多只有row+1列*/
     {
        yh[row][col]=yh[row-1][col]+yh[row-1][col-1];     }
   } /*当前位置的值是其前一行同一列元素与前一行前一列元素值之和*/
   /*输出计算完毕的杨辉三角形*/
   printf("%d阶杨辉三角:\n",N);
   for(row=0;row<N;row++)                 /*行循环*/
   {
     for(col=0;col<=row;col++)
     {
       printf("%4d",yh[row][col]);
     }
     printf("\n");
   }
}
```

程序运行结果是：

```
6阶杨辉三角：
1
1  1
1  2  1
1  3  3  1
1  4  6  4  1
1  5  10 10 5  1
```

【例2-26】 求三个字符串中的最大者。

例题分析：

变量的定义：定义二维字符数组 str[3][20]，用于存储输入的三个字符串；另外，定义一维字符数组 string[20]，用于存储三个字符串中的最大者；定义整型变量i，作为输入三个字符串的循环变量。

具体实现：利用 strcmp 函数，先对 str[0]、str[1]中的字符串进行比较，较大者利用 strcpy 函数，将其复制到数组 string 中；再利用 strcmp 函数，对数组 str[2]和 string 中的字符串进行比较，将其中的较大者利用 strcpy 函数复制到 string 中。

代码实现：

```c
#include<stdio.h>
#include<string.h>
void main()
{
    char string[20];
    char str[3][20];
    int i;
    for (i=0;i<3;i++)
        gets(str[i]);                    /*输入字符串到数组 str 中*/
    if(strcmp(str[0],str[1])>0)          /*比较两数组中字符串的大小*/
        strcpy(string,str[0]);           /*较大者复制到 string 中*/
    else
        strcpy(string,str[1]);
    if (strcmp(str[2],string)>0)
        strcpy(string,str[2]);
    printf("\nthe largest string is:\n%s\n",string);
}
```

程序运行结果是：

```
china
japan
american

the largest string is:
japan
Press any key to continue
```

七、结构体

C 语言提供了一些由系统已定义好的数据类型,例如整型、字符型和实型,用户可以根据程序设计要求定义相应类型的变量,解决一般的问题,但是在很多实际问题中,往往要处理的数据比较复杂一些。例如,在学生登记表中,每个学生的基本信息包含有:姓名、学号、年龄、性别、成绩、班级等等基本信息,而姓名为字符型,学号可为整型或字符型,年龄应为整型,性别为字符型,成绩可为整型或实型,班级为字符型,这些数据显然不能用一个数组来存放。因为数组中各元素的类型和长度都必须一致,以便于编译系统处理。为了解决这个问题,在 C 语言中允许用户根据自己需要建立数据类型,称之为"构造类型",本小节就要讲解用户自定义的构造类型。

1. 结构体的定义

定义一个结构体的一般形式为:
```
struct  结构名
{类型说明符成员名 1;
 类型说明符成员名 2;
 ……
 类型说明符成员名 n;
};
```
成员列表

例如:

```
struct stu
{
    int num;
    char name[20];
    char sex;
    float score;
};
```

上述代码定义了一个名为 stu 的结构体类型,该类型是属于用户自定义类型。

注意

(1) 结构体类型的名字是由一个关键字 struct 和结构体名组合而成的,结构体名的命名要符合标识符的命名规则。

(2) {}内是该结构体所包括的子项,称为结构体成员,对各个成员都应该进行类型声明:类型名成员名;

(3) "}"后的";"不能省略。

在这个结构定义中,结构名为 stu,该结构由 4 个成员组成:第一个成员为整型 num;第二个成员为字符串 name;第三个成员为字符 sex;第四个成员为实型 score。结构体定义之后,即可进行变量说明。凡说明为结构体 stu 的变量都由上述 4 个成员组成。由此可见,结构体是一种复杂的数据类型,是数目固定、类型不同的若干有序变量的集合。

2. 结构体变量的定义

前面只是构造了一个数据类型,并没有定义变量,系统也不会给其分配相应的存储单元,成员并没有具体的数据,应当定义结构体变量才能存放具体的数据。

说明结构变量有以下三种方法,以上面定义的 stu 为例来加以说明。

(1) 先定义结构体,再定义该结构体的变量

基本形式是:

struct 结构体名

{

成员列表;

};

struct 结构体名变量名列表;

例如:

```
struct stu
{
   int num;
   char name[20];
   char sex;
   float score;
};
struct stu boy1,boy2;
```

定义了 struct stu 结构类型的两个变量 boy1 和 boy2。

(2) 在定义结构体类型的同时定义结构体变量

基本形式是:

struct 结构体名

{

成员列表;

}变量名列表;

例如:

```
struct stu
{
   int num;
   char name[20];
   char sex;
   float score;
}boy1,boy2;
```

(3) 不指定结构体类型名而直接定义结构体变量

基本形式是:

struct

{
成员列表;
}变量名列表;
例如：

```
struct
{
  int num;
  char name[20];
  char sex;
  float score;
}boy1,boy2;
```

在定义了结构体变量后，系统会为其分配存储单元。结构体变量占用的存储单元是结构体中各个成员占用的存储单元之和，为此结构体变量 boy1，boy2 各占用 4 + 20 + 1 + 4 = 29 个字节。

结构体变量定义的第三种方法与第二种方法的区别在于第三种方法中省去了结构体名，而直接给出结构体变量。三种方法中说明的 boy1，boy2 变量都具有如图 2-9 所示的结构。

num	name	sex	score

图 2-9　结构体成员的内存结构示意图

说明了 boy1，boy2 变量为 stu 类型后，即可向这两个变量中的各个成员赋值。在上述 stu 结构定义中，所有的成员都是基本数据类型或数组类型。

成员也可以又是一个结构，即构成了嵌套的结构。如图 2-10 给出另一个数据结构。

<table>
<tr><td rowspan="2">num</td><td rowspan="2">name</td><td rowspan="2">sex</td><td colspan="3">birthday</td><td rowspan="2">score</td></tr>
<tr><td>month</td><td>day</td><td>year</td></tr>
</table>

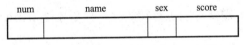

图 2-10　结构体成员嵌套结构体的内存结构示意图

按图 2-10 可给出以下结构定义：

```
struct date
{
  int month;
  int day;
  int year;
  };
    struct
{
    int num;
    char name[20];
    char sex;
```

```
    struct date birthday;
    float score;
}boy1,boy2;
```

3. 结构体成员的引用

在程序中使用结构体变量时，往往不把它作为一个整体来使用。在 ANSIC 中除了允许具有相同类型的结构体变量相互赋值以外，一般对结构体变量的使用，包括赋值、输入、输出、运算等都是通过结构体变量的成员来实现的。

引用结构体变量成员的一般形式是：

结构体变量名.成员名

"."是结构体成员运算符，它在所有的运算符中优先级最高（属于第一优先级，详见附录 C）。

例如：

boy1.num　　　　　　即 boy1 的学号
boy2.sex　　　　　　即 boy2 的性别
boy1.birthday.month　表示 boy1 的出生的月份，与普通变量完全相同。

4. 结构体变量的初始化

定义了结构体变量后，需要对它进行初始化，然后才能引用变量。结构体变量的初始化方法有以下几种：

（1）在定义结构体变量时可以对它的成员直接进行初始化，初始化列表用{}括起来的常量，将这些常量的值依次赋给结构体变量的各个成员。例如：

```
struct stu
{
    int num;
    char name[20];
    char sex;
    float score;
}boy1={201401,"li lin",'f',98.5},boy2={201403,"wang hong",'m',96};
```

（2）直接对结构体变量的成员进行赋值。例如：

```
boy1.num=20114; boy1.name="guo jing";
```

（3）对结构体变量的成员可以像普通变量一样进行各种运算。例如：

```
boy1.name= boy2.name;（赋值运算符）
sum=boy1.score+boy2.score;（加法运算）
boy1.score++;（自加运算）
```

（4）相同类型的结构体，变量之间可以直接整体赋值。例如：

```
struct stu            /*定义结构体*/
```

```
{
int num;
char name[20];
char sex;
float score;
}boy2,boy1={102,"Zhang ping",'M',78.5};
boy2=boy1;
```

把 boy1 的所有成员的值整体赋予 boy2

（5）可用输入语句来完成赋值。例如：

```
scanf("%c",&boy1.sex);
scanf("%s",boy1.name);          //name 成员指针类型，输入项中不需要加"&"
```

但是不能直接使用结构体变量整体赋值，以下语句是错误的：

```
scanf("%d%s%c%f",&boy1);
```

【例 2-27】 把一个学生的信息(包括姓名、性别、成绩)放在一个结构体变量中，然后输出此学生的信息。

例题分析：首先我们应该构造一个结构体，在此结构体中有 3 个成员，成员姓名是一个字符型指针，成员性别是一个字符型变量，成员成绩是一个浮点型变量，同时赋予各成员初始值，最后用 printf 语句打印输出。

代码实现：

```
#include<stdio.h>
struct stu
{
char name[20];
char sex;
float score;
}boy1={"2014100401",'M',98.5};
void main()
{
printf("Name=%s\nSex=%c\nScore=%f\n",boy1.name, boy1.sex,boy1.score);
}
```

程序运行结果是：

```
Name=2014100401
Sex=M
Score=98.500000
Press any key to continue
```

【例 2-28】 输入两个学生的学号、姓名和成绩,输出成绩较高的学生的学号、姓名和成绩。

例题分析:首先需要定义一个结构体,包含有学号、姓名和成绩 3 个成员,同时定义其他两个结构体变量;其次分别输入这两个学生的学号、姓名和成绩;最后比较两个学生的成绩,如果学生 1 高于学生 2 的成绩,则输出学生 1 的全部基本信息;反之,输出学生 2 的全部基本信息。

代码实现:

```
#include<stdio.h>
struct stu                    /*定义结构体*/
{
int num;
char name[20];
float score;
};
void main()
{
struct stu stu1,stu2;
scanf("%d%s%f",&stu1.num,stu1.name,&stu1.score);
scanf("%d%s%f", &stu2.num,stu2.name,&stu2.score);
if(stu1.score>stu2.score)
  printf("%d %s %.2f\n",stu1.num,stu1.name,stu1.score);
else
  printf("%d %s %.2f\n",stu2.num,stu2.name,stu2.score);
}
```

结果请读者自行分析。

八、结构体数组

数组的元素也可以是结构体类型的,因此可以构成结构体类型数组。结构体数组的每一个元素都是具有相同结构体类型的变量。在实际应用中,经常用结构体数组来表示具有相同数据结构的一个群体。如一个班的学生档案,一个车间职工的工资表等。

结构体数组的定义、初识化方法和结构体变量相似,只需说明它为数组类型即可。

1. 结构体数组的定义

定义结构体数组的基本形式是:
(1)定义结构体类型的同时定义结构体数组
struct 结构体名
{
成员列表

}数组名[数组长度];
（2）先声明结构体类型，然后再定义结构体数组
struct 结构体名
{
成员列表
};
struct 结构体名　数组名[数组长度];

2. 结构体数组的初始化

结构体数组的初始化形式：
（1）可以使用输入语句进行初始化，一维结构体数组需使用一层的 for 循环，形式同基本数据类型数组一样。
（2）在定义结构体数组时直接初始化：
struct 结构体名　数组名[数组长度]={初值列表};
例如：

```
struct stu
    {
    int num;
    char name[20];
    char sex;
    float score;
    }boy[5]={
    {101,"Li ping",'M',45},
    {102,"Zhang ping",'M',62.5},
    {103,"He fang",'F',92.5},
    {104,"Cheng ling",'F',87},
    {105,"Wang ming",'M',58}};
```

定义了一个结构体数组 boy，共有 5 个元素，boy[0]～boy[4]。每个数组元素都具有 struct stu 的结构形式，对结构体数组可以作初始化赋值。当对全部元素作初始化赋值时，也可不给出数组长度。

【例 2-29】　有 n 个学生的信息(包括学号、姓名、成绩)，要求按照成绩的高低输出所有学生的信息。

例题分析：在此例中先定义一个学生结构体类型数组，然后将此数组初始化，按照冒泡排序的算法排序，最后输出。

代码实现：

```
#include<stdio.h>
#define N 5
struct stu
{
```

```
        int num;
        char name[20];
        float score;
}boy[N]={
{101,"Li ping",45},
{102,"Zhang ping",62.5},
{103,"He fang",92.5},
{104,"Cheng ling",87},
{105,"Wang ming",58},
};
void main()
{int  i,j;
float temp;
for(i=0;i<=4;i++)
   for(j=i+1;j<=4;j++)
{ if(boy[i].score<boy[j].score)
     { temp=boy[i].score;
       boy[i].score= boy[j].score;
       boy[j].score=temp;
}
}
for(i=0;i<=4;i++)
   printf("%d,%s,%f\n",boy[i].num,boy[i].name,boy[i].score);
}
```

说明

（1）结构体数组不能整体引用。

（2）结构体数组成员访问时一定要使用结构体数组名[n].成员名这种使用方式。

任务实现

借助于数组和结构体定义学生数据模型，学生信息的基本操作（输入，输出，查询，删除，修改等）分别按照功能定义为多个函数，具体实现代码如下：

```
#include<stdio.h>
#include<string.h>        //用到了此头文件里面的strcmp(a,b);strcpy(a,b);
#include<stdlib.h>        // 用到了此头文件里面的 exit(0); system("cls"); system("pause");
#include<windows.h>       //用到了此头文件里面的Sleep(n)函数（程序会停n毫秒）
#define N 3               //预处理，为了方便测试设置为3，下面的代码中N就是3
int i;                    //用于下面所有for循环变量
int counter=0;            //计数器（用于记录删除了几个）
```

```c
void InputData();              //输入学生信息函数
void InquiryData();            //查询学生信息函数
void DeleteData();             //删除学生信息函数
void ChangeData();             //修改函数
void OutputData();             //输出函数
struct STU                     //学生模型定义
{
    int num;//学号
    char name[20];
    int age;
    char sex;
}student[N];
void InputData()               //输入函数定义
{
    system("cls");
    printf("\t\t——————————————————————————\n");
    printf("\t\t|                                    |\n");
    printf("\t\t|       欢迎进入学生信息录入系统     |\n");
    printf("\t\t|                                    |\n");
    printf("\t\t——————————————————————————\n\n");
    printf("\t\t请输入学生信息:学号名字年龄性别(性别:男:M,女:W)\n");
    for(i=1;i<N;i++)
    {
        printf("\t\t\t\t");
        scanf("%d%s%d %c",&student[i].num,&student[i].name,&student[i].age,&student[i].sex);
    }
    printf("\t\t录入完成返回主界面");
    Sleep(2000);//停2秒(()里的2000是两千毫秒)然后返回主界面函数
}
void InquiryData()             //查询函数定义
{
    int x;                     //用于选择查询方式
    int n=1;                   //用于标记是否正确选择
    int num;//学号
    char name[20];
    system("cls");
    printf("\t\t——————————————————————————\n");
    printf("\t\t|                                    |\n");
    printf("\t\t|       欢迎进入学生信息查询系统     |\n");
    printf("\t\t|                                    |\n");
```

```c
        printf("\t\t————————————————————————\n\n");
        printf("\t\t请选择查询方式（1.学号查询 2.姓名查询）: ");
    //如果正确选择将不会循环。因为选择正确n会被赋值0 （0为假，假就不会循环）
    while(n) {
        scanf("%d",&x);                    //输入选择的查询方式
        switch(x)
        {
        case 1:
            printf("\t\t你选择了学号查询\n");
            printf("\t\t请输入学号：");
            scanf("%d",&num);              //输入学号
            for(i=1;i<N-counter;i++)   //N-counter(总数-删除的人数)
                if(num==student[i].num)
                {
                    printf("\t\t你要查询的学生信息为：学号：%d 姓名：%s 年龄：%d 性别：%c\n",student[i].num,student[i].name,student[i].age,student[i].sex);
                    break;
                }
            if(i==N-counter)
                printf("\t\t查无此人！\n");
            n=0;
            break;
        case 2:
            printf("\t\t你选择了姓名查询\n");
            printf("\t\t请输入姓名：");
    /*因为上面选完查询方式会按一下回车,getchar();就是为了接收这个回车,如果不接收回车直接会赋给下一行的gets(name);*/
            getchar();
            gets(name);                    //输入姓名
            for(i=1;i<N-counter;i++)
            {
                if(strcmp(name,student[i].name)==0)
                {
                    printf("\t\t你要查询的学生信息为：学号：%d 姓名：%s 年龄：%d 性别：%c\n",student[i].num,student[i].name,student[i].age,student[i].sex);
                    break;
                }
            }
            if(i==N-counter)
                printf("\t\t查无此人！\n");
```

```c
                n=0;
                break;
            default :
                printf("\t\t选择错误,请重新输入你要选择的查询方式:");
        }
    }
    printf("\t\t查询完成");
    system("pause");    //最上第三行有介绍
}
void ChangeData()       //修改学生信息函数定义
{
    int num;//学号
    system("cls");
    printf("\t\t————————————————————————————\n");
    printf("\t\t|                                          |\n");
    printf("\t\t|           欢迎进入学生信息修改系统        |\n");
    printf("\t\t|                                          |\n");
    printf("\t\t————————————————————————————\n\n");
    printf("\t\t请输入你要修改学生的学号:");
    scanf("%d",&num);       //输入学号
    for(i=1;i<N-counter;i++)
        if(student[i].num==num)
            break;
    if(i==N-counter)
    {
        printf("\t\t查无此人,请确认后输入\n");
        system("pause");
        menu();
    }
    printf("\t\t你要修改的学生为:%s\n",student[i].name);
    printf("\t\t请输入修改的信息:学号姓名年龄性别\n");
    printf("\t\t\t\t");
    scanf("%d%s%d %c",&student[i].num,student[i].name,&student[i].age,&student[i].sex);
    printf("\t\t修改完成,返回主界面");
    Sleep(2000);
}
void DeleteData()       //删除学生信息函数定义
{
    int x;              //用于选择删除方式
    int n=1;            //用于标记是否正确选择
```

```c
    int num;              //学号
    int j;                //for 循环变量
    int yes;              //用于确认是否删除
    int no;               //用于确认是否继续删除其他学生
    char name[20];
    system("cls");
    printf("\t\t—————————————————————————————\n");
    printf("\t\t|                           |\n");
    printf("\t\t|    欢迎进入学生信息删除系统    |\n");
    printf("\t\t|                           |\n");
    printf("\t\t—————————————————————————————\n\n");
    printf("\t\t请选择删除方式（1.学号删除 2.姓名删除）：");
    //如果正确选择将不会循环。因为选择正确 n 会被赋值 0 （0 为假，假就不会循环）
    while(n)
    {
        scanf("%d",&x);    //输入选择的删除方式
        switch(x)
        {
        case 1:
            n=0;
            printf("\t\t你选择了学号删除\n");
            printf("\t\t请输入你要删除的学生的学号：");
            scanf("%d",&num);
            for(i=1;i<N-counter;i++)
                if(num==student[i].num)
//如果找到学号相同的就跳出 for 循环，这时 i 就是要删除的同学的位置
                    break;
            //但也有可能上面的 for 循环循环完才结束，所以要判断一下
            if(i==N-counter){
                printf("\t\t没有这位同学，请确认后输入\n");
                break;        //退出 switch(x)语句
            }
            printf("\t\t你要删除的学生为：");
            puts(student[i].name);
            for(j=i;j<N-1-counter;j++)
                student[j]=student[j+1];
            counter++;        //删除一个计数器加 1，说明删除了 1 个
            break;
        case 2:
            n=0;
```

```
                printf("\t\t 你选择了姓名删除\n");
            printf("\t\t 请输入你要删除的学生的名字：");
            getchar(); //和查询函数中case 2：的第三行的getchar();同理
            gets(name);
            for(i=1;i<N-counter;i++)
                if(strcmp(name,student[i].name)==0)
                    break;
            if(i==N-counter)
            {
                printf("\t\t 没有这位同学，请确认后输入\n");
                break;
            }
            for(j=i;j<N-1-counter;j++)
                student[j]=student[j+1];
            counter++;
        break;
        default :
            printf("\t\t 选择错误，请重新输入你要选择的删除方式：");
        }
    }
    printf("\t\t 删除完成返回主界面");
    Sleep(2000);
}
void OutputData()   //学生信息输出函数定义
{
    system("cls");
    printf("\t\t————————————————\n");
    printf("\t\t|                              |\n");
    printf("\t\t|      欢迎进入学生信息输出系统      |\n");
    printf("\t\t|                              |\n");
    printf("\t\t————————————————\n\n");
    for(i=1;i<N-counter;i++)
printf("\t\t%d %s %d %c\n",student[i].num,student[i].name,student[i].age,student[i].sex);
    printf("\t\t");
    system("pause");
}
```

上机实训

1. 定义一个包含 10 个整型元素的一维数组，现从键盘输入一个数，将数组中与该值相同的元素删除；如果在数组中找不到与该值相同的元素，则不删除。

2. 输出一维数组中的最大值及下标。

3. 输出二维数组中的最大值以及最大值所在的行号和列号。

4. 用代码实现字符串函数 strcat 的功能。

5. 输入一行字符，统计其中有多少个单词，单词之间用空格分隔。

习 题

一、选择题

1. 在 C 语言中，引用数组元素时，其数组下标的数据类型是_____。
   A．整型常量　　　　　　　　B．整型表达式
   C．整型常量或整型表达式　　　D．任何类型的表达式

2. 以下对一维数组 a 的正确说明是_____。
   A．int n；scanf（"%d"，&n）；int a [n]；
   B．int n = 10，a [n]；
   C．int a（10）；
   D．#define SIZE 10 int a [SIZE]；

3. 若有说明：int a[10];则对数组元素的正确引用是_____。
   A．a [10]　　B．a [3，5]　　C．a（5）　　D．a [10-10]

4. 对说明语句 int a [10] = {6，7，8，9，10}；的正确理解是_____。
   A．将 5 个初值依次 a [1]~a [5]
   B．将 5 个初值依次 a [0] ~a [4]
   C．将 5 个初值依次 a [5] ~a [9]
   D．将 5 个初值依次 a [6] ~a [10]

5. 以下对二维数组 a 的正确说明是_____。
   A．int a [3] [ ]；　　　　　B．float a（3，4）；
   C．double a [1] [4]；　　D．float a（3）（4）；

6. 若有说明：int a [3] [4]；则对 a 数组元素的正确引用是_____。
   A．a [2] [4]　　B．a [1，3]　　C．a [1+1] [0]　　D．a（2）（1）

7. 以下能对二维数组 a 进行正确初始化的语句是_____。
   A．int a [2][ ] = {{1，0，1}，{5，2，3}}；
   B．int a [ ] [3] = {{1，2，3}，{4，5，6}}；
   C．int a [2] [4] = {{1，2，3}，{4，5}，{6}}；
   D．int a [ ] [3] = {{1，0，1}{}，{1，1}}；

8. 下面程序有错误的行是（行前数字表示行号）_____。

```
1  main()
2  {
3    int a[3]={0};
4    int i;
5    for(i=0;i<3;i++) scanf("%d",&a[i]);
```

```
6    for(i=1;i<4;i++) a[0]=a[0]+a[i];
7    printf("%d\n",a[0]);
8  }
```

  A．没有错误 B．3   C．5   D．6

9．下面是对 s 的初始化，其中不正确的是_____。

  A．char s [5] = { "abc" };   B．char s [5] = { 'a' , 'b' , 'c' };
  C．char s [5] = " ";   D．char s [5] = "abcde";

10．下面程序段的运行结果是_____。

```
char c[5]={'a','b','\0','c','\0'};
printf("%s",c);
```

  A．'a' 'b' B．ab C．ab c D．ab■（■表示空格）

11．对两个数组 a 和 b 进行如下初始化

```
char a[]="ABCDEF";
char b[]={'A','B','C','D','E','F'};
```

则以下叙述正确的是_____。

  A．a 与 b 数组完全相同   B．a 与 b 数组长度相同
  C．a 和 b 中都存放字符串   D．a 数组比 b 数组长度长

12．有两个字符数组 a、b，则以下正确的输入语句是_____。

  A．gets（a，b）   B．scanf（"%s%s"，a，b）
  C．scanf（"%s%s"，&a，&b） D．gets（"a"）；gets（"b"）

13．有字符数组 a [80]和 b [80]，则正确的输出语句是_____。

  A．puts（a，b）   B．printf（"%s，%s"，a[]，b[]）
  C．putchar（a，b）   D．puts（a），puts（b）

14．判断字符串 s1 是否大于字符串 s2，应当使用_____。

  A．if（s1＞s2）   B．if（strcmp（s1，s2）
  C．if（strcmp（s2，s1）＞0） D．if（strcmp（s1，s2）＞0）

15．下面描述正确的是_____。

  A．两个字符串包含的字符个数相同时，才能比较字符串
  B．字符个数多的字符串比字符个数少的字符串大
  C．字符串"STOP"与"STOP■"相等
  D．字符串"That"小于字符串"The"

16．当说明一个结构体变量时系统分配给它的内存是_____。

  A．各成员所需内存总量的总和
  B．结构中第一个成员所需内存量
  C．成员中占内存量最大者所需的容量
  D．结构中最后一个成员所需内存量

17．设有以下说明语句

```
struct stu
{int a;
float b;
}stutype;
```

则下面叙述不正确的是_____。

    A．struct 是结构体类型的关键字

    B．struct stu 是用户定义的结构体类型

    C．stutype 是用户定义的结构体类型名

    D．a 和 b 都是结构体成员名

18．以下 scanf 函数调用语句中对结构体变量成员的不正确引用是_____。

```
struct pupil
{char name[20];
int age;
float score;
}pup[5],*p;
p=pup;
```

    A．scanf（"%s"，pup[0].name）

    B．scanf（"%d"，&pup[0].age）

    C．scanf（"%f"，&（p->score））

    D．scanf（"%d"，p->age）

二、写出下列程序的运行结果

1．

```
#include<stdio.h>
#include<string.h>
main()
{char a[20]="AB",b[20]="LMNP";
  int i=0;strcat(a,b);
while(a[i]!='\0')
{
b[i]=a[i];
i++;
}
puts(b);
}
```

2．

```
main()
{ int i,j,row,col,min;
```

```
int a[3][4]={{1,2,3,4},{9,8,7,6},{-1,-2,7,-5}};
min=a[0][0];row=0;col=0;
for(i=0;i<3;i++)
 for(j=0;j<3;j++)
   if(a[i][j]<min)
     {min=a[i][j];row=i;col=j;}
 printf("min=%d,row=%d,col=%d\n",min,row,col);
}
```

3.

```
void main()
  { int a[3][3]={1,3,5,7,9,11,13,15,17};
    int sum=0,i,j;
    for (i=0;i<3;i++)
      for (j=0;j<3;j++)
      { a[i][j]=i+j;
        if (i==j)
sum=sum+a[i][j];
      }
      printf("sum=%d",sum);
   }
```

4.

```
#include<stdio.h>
main()
{int i,r;
char s1="bus",s2="book";
for(i=r=0;s1[i]!='\0'&&s2[i]!='\0';i++)
   if(s1[i]==s2[i]) i++;
   else {r=s1[i]-s2[i];break;}
printf("%d",r);
}
```

任务二 实现功能函数中的数据传递

任务描述

学生学籍管理系统能实现的功能包括：
（1）输入学生基本信息。

（2）查询学生信息（1.学号查询 2.姓名查询）。
（3）删除学生信息（1.学号删除 2.姓名删除）。
（4）学生信息排序（1.学号排序 2.姓名排序）。
（5）修改学生基本信息。
（6）保存学生基本信息。
（7）输出所有学生信息。
（8）退出程序。

这些功能均是独立的个体，在设计时需要定义相应的函数来实现，同时各函数之间需要实现学生数据信息的传递。

知识储备

函数是一段可以重复使用的代码，用来独立地完成某个功能，它使得程序更加模块化，不需要编写大量重复的代码。从用户使用的角度来看，函数分为标准函数和用户自定义函数两类；从函数的形式来看，分为无参函数和有参函数两类。

一、无参函数

项目一任务一中已经讲解了有关无参函数的定义与调用，下面通过例 2-1 来回顾无参函数的定义与使用。

【例 2-30】 定义一个无参函数：实现的功能是从键盘上输入两个互不相等的整数分别代表两个人的身高，求两个人的身高的平均值，并在主函数中进行测试。

例题分析：变量的定义：根据题目要求需要定义两个整型变量 height_a，height_b（身高用整型来定义）来代表两个人的身高；还需要定义一个浮点型变量 avg 来代表身高的平均值。

具体实现：首先定义一个函数名为 avg_height 的函数，因为要求无参，所以在后面的括号中没有任何的参数。在此函数中，从键盘上输入互不相等的两个整数，分别赋给 height_a 和 height_b。平均值为两数相加后除以 2，但考虑到变量平均值 avg 为浮点型，所以我们应该将 2 换为 2.0（同学们可以探讨一下为什么），最后打印平均身高。在主函数中只调用被调函数 avg_height()就可以了。

代码实现：

```
#include<stdio.h>
void avg_height()
{   int height_a,height_b;              /*定义两个整数*/
    float avg;                          /*平均值可能出现小数，所以用浮点型*/
    printf("请输入两个人的身高:");
    scanf("%d%d",&height_a,&height_b);  /*由键盘输入两个值*/
    avg=(height_a+height_b)/2.0;        /*两个整数相除结果为整数，所以将2改为2.0*/
    printf("平均身高 avg=%.2f\n",avg);   /*输出的实型数据要求小数点保留两位小数*/
}
void main()
```

```
{
    avg_height();                    /*在主调函数中调用avg_height函数*/
}
```

程序运行结果是:

```
请输入两个人的身高:185 179
平均身高avg=182.00
Press any key to continue_
```

二、有参函数的定义与调用

有参函数也称为带参函数。在函数定义及函数说明时的参数，称为形式参数（简称为形参）。在函数调用时给出的参数，称为实际参数（简称为实参）。进行函数调用时，主调函数将把实参的值传送给形参，供被调函数使用。

1. 有参函数的定义

定义有参函数的一般形式为：

类型标识符　函数名（类型名　形参1，类型名　形参2，……）
{
　　声明部分;
　　语句;
}

有参函数比无参函数多了一个内容，即形式参数表列。在形参表中给出的参数称为形式参数，它们可以是各种类型的变量，各参数之间用逗号间隔。在进行函数调用时，主调函数将赋予这些形式参数实际的值。形参既然是变量，必须在形参表中给出形参的类型说明。

例如：写一个求和带参函数

```
void  sum(int weight_a,int weight_b)
{
int sum_weight;
sum_weight=weight_a+weight_b;
printf("sum_weight=%d\n",sum_weight);
}
```

这是一个求和的函数，第一行中的关键字 void 表示这个函数无返回值，sum 是函数名，括号中有两个形式参数 weight_a 和 weight_b，均为整型。大括号内为函数体，在函数体内部包含声明部分和语句部分，声明部分是对函数中要用到的变量进行定义，语句部分是求出两数的和并打印输出。

2. 函数的返回值

函数的值是指函数被调用之后，执行函数体中的程序段所取得的并返回给主调函数的值。函数的返回值是通过函数中的 return 语句获得的。

return 语句的一般形式为：

return 表达式;

或者为：

return (表达式);

该语句的功能是计算表达式的值，并返回给主调函数。在函数中允许有多个 return 语句，但每次调用只能有一个 return 语句被执行，因此只能返回一个函数值。

对函数的值(或称函数返回值)有以下一些说明：

（1）函数值的类型和函数定义中函数的类型应保持一致。如果两者不一致，则以函数类型为准，自动进行类型转换。

（2）如函数值为整型，在函数定义时可以省去类型说明。

（3）不返回函数值的函数，可以明确定义为"空类型"，类型说明符为"void"。一旦函数被定义为空类型后，就不能在主调函数中使用被调函数的函数值了。为了使程序有良好的可读性并减少出错，凡不要求返回值的函数都应定义为空类型。

3. 函数的调用

在程序中是通过对函数的调用来执行函数体的，其过程与其他语言的子程序调用相似。C 语言中，函数调用的一般形式为：

函数名（实际参数表）

如果是无参函数调用时无实际参数表，但是括号不能省略。对于有参函数，实际参数表中的参数可以是常量，变量或其他构造类型数据及表达式，各实参之间用逗号分隔。

在 C 语言中，可以用以下几种方式调用函数：

（1）函数表达式：函数作为表达式中的一项出现在表达式中，以函数返回值参与表达式的运算。这种方式要求函数是有返回值的。例如："z=max（x，y）;"是一个赋值语句，把 max 的返回值赋予变量 z。

（2）函数语句：函数调用的一般形式加上分号即构成函数语句。例如，"printf（"%d"，a）;"，"scanf（"%d"，&b）;"都是以函数语句的方式调用函数。

（3）函数实参：函数作为另一个函数调用的实际参数出现。这种情况是把该函数的返回值作为实参进行传送，因此要求该函数必须是有返回值的。例如：printf（"%d"，max（x，y））;即是把 max 调用的返回值又作为 printf 函数的实参来使用的。在函数调用中还应该注意的一个问题是求值顺序的问题。

【例 2-31】 用函数求 1-100 的和，并将所求和返回，在主函数中进行测试。

代码实现：

```
#include<stdio.h>
int  sum()
{
int i,sum_i=0;
for(i=1;i<=100;i++)
{   sum_i=sum_i+i;
}
```

```
    return sum_i;
}
void main()
{   int sum_m;
    sum_m=sum();          /*调用函数sum,用局部变量sum_m接收*/
    printf("%d\n",sum_m);
/*上述三条语句可以直接改写成："printf("%d\n",sum());",即运用printf函数打印出函数的
返回值*/
}
```

程序运行结果：

```
5050
Press any key to continue_
```

4．被调函数的声明

在主调函数中调用某函数之前应对该被调函数进行说明（声明），这与使用变量之前要先进行变量说明是一样的。在主调函数中对被调函数作说明的目的是使编译系统知道被调函数返回值的类型，以便在主调函数中按此种类型对返回值作相应的处理。

若主调函数在被调函数前面（在同一个文件中），即被调函数在主调函数的后面，应该在主调函数中对被调函数作声明。

函数原型声明其一般形式为：

类型说明符　被调函数名（类型　形参，类型　形参…）；

或函数类型声明：

类型说明符　被调函数名（类型，类型…）；

括号内给出了形参的类型和形参名，或只给出形参类型。这便于编译系统进行检错，以防止可能出现的错误。

如main函数中对max函数的说明为：

```
float max(float a,float b);
```

该函数是求两个数的最大值，在函数声明中也可以不写形参名，而只写形参的类型，或写为：

float max（float，float）；在程序中，若把max函数写在main函数后，则需要在main函数中添加max函数的声明。

【例2-32】

```
#include<stdio.h>
void main()
{
float x,y,z;
float max(float i,float j)          //函数原型声明
```

```
scanf("%f%f",&x,&y);
z=max(x,y);
printf("z=%.2f\n",z);
}
float max(float i,float j)        //函数定义在主调函数后面
{
  float t;
  if(i>j)
     t=x;
  else
     t=y;
}
```

在函数调用之前用函数原型做了函数声明，因此编译系统记下了所需调用函数的有关信息，因此在进行编译时就"有章可循"了。编译系统根据函数的原型对函数的调用的合法性进行全面的检查，与函数原型不匹配的函数调用会导致编译出错。

从程序中可以看到对函数的声明与函数定义中的函数首部基本上是相同的，只差一个分号。因此可以简单的照写已定义的函数的首部，再加一个分号，就成了对函数原型的声明。

C 语言中又规定在以下几种情况时可以省去主调函数中对被调函数的函数说明：

（1）如果被调函数的返回值是整型或字符型时，可以不对被调函数作说明，而直接调用。

（2）当被调函数的函数定义出现在主调函数之前时，在主调函数中也可以不对被调函数再作说明而直接调用。

（3）如在所有函数定义之前，在函数外预先说明了各个函数的类型，则在以后的各主调函数中，可不再对被调函数作说明。例如：

```
char str(int a);
float f(float b);
main()
{
……
}
char str(int a)
{
……
}
float f(float b)
{
……
}
```

其中第一、二行对 str 函数和 f 函数预先作了说明。因此在以后各函数中无须对 str 和 f 函数再作说明就可直接调用。

（4）对库函数的调用不需要再作说明，但必须把该函数的头文件用 include 命令包含在源文件前部。

5．形参与实参数据传递

形参出现在函数定义中，在整个函数体内都可以使用，离开该函数则不能使用。实参出现在主调函数中，进入被调函数后，实参变量也不能使用。形参和实参的功能是作数据传送。发生函数调用时，主调函数把实参的值传送给被调函数的形参，从而实现主调函数向被调函数的数据传送。

函数的形参和实参具有以下特点：

（1）形参变量只有在被调用时才分配内存单元，在调用结束时，即刻释放所分配的内存单元。因此，形参只有在函数内部有效，函数调用结束返回主调函数后则不能再使用该形参变量。

（2）实参可以是常量、变量、表达式、函数等，无论实参是何种类型的量，在进行函数调用时，它们都必须具有确定的值，以便把这些值传送给形参。因此应预先用赋值，输入等办法使实参获得确定值。

（3）实参和形参在数量上、类型上、顺序上应严格一致，否则会发生"类型不匹配"的错误。

（4）函数调用中发生的数据传送是单向的。即只能把实参的值传送给形参，而不能把形参的值反向地传送给实参。因此在函数调用过程中，形参的值发生改变，而实参中的值不会变化，如图 2-11 所示。

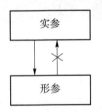

图 2-11　实参到形参的单向传递

【例 2-33】 定义一个有参函数，参数接收两个整数，其值分别代表两个人的身高，函数功能是求两个人身高的平均值并输出，要求在主函数中测试。

例题分析：变量的定义：根据题目要求需要定义两个整型变量 height_a，height_b（身高用整形来定义）来代表两个人的身高；还需要定义一个浮点型变量 avg 来代表身高的平均值。

具体实现：求平均值函数需要有两个参数，为此需要

在此例题中，因为要求有形参，所以在主函数调用 avg_height()函数时必须要有实参传值，因此，我们将在主函数中定义两个变量 height_1，height_2，并分别由键盘输入两个值。调用 avg_height()函数时，实参实现单向传递。在 avg_height()函数中设 height_a 和 height_b 两个形参来接收，数据的传递方式可以用图 2-12 表示。

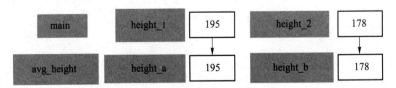

图 2-12　实参到形参的数据传递

代码实现:

```c
#include <stdio.h>
void avg_height(int height_a,int height_b)
{  float avg;                              /*平均值可能出现小数,所以用浮点型*/
   avg= (height_a+height_b)/2.0;          /*两个整数相除结果为整数,所以将2改为2.0*/
   printf ("平均身高 avg=%.2f\n",avg);
}
main()
{
   int  height_1,height_2;
   printf("请输入两个人的身高:");
   scanf("%d%d",&height_1,&height_2);     /*由键盘输入两个值*/
   avg_height(height_1, height_2);        /*在主函数中调用 avg_height 函数*/
}
```

程序运行结果是:

```
请输入两个人的身高:176 167
平均身高avg=171.50
Press any key to continue
```

【例2-34】 通过调用swap函数,把主函数中的变量height_1和height_2中的数据进行交换,观察程序的输出结果。

例题分析: 在此例中我们是要观察在主函数调用 swap 函数,将两个实参值传递给形参,在 swap 函数中实现两数的交换,观察结果主函数中的两个数能否实现交换。我们强调过实参单向传递给形参,所以形参只是在调用此函数时才被分配内存,函数调用完成后就被释放掉了,所以在主函数中并不能完成对两数的交换。

代码实现:

```c
#include<stdio.h>
void swap(int height_a,int height_b)
{  int temp;
   printf("(2)height_a=%d,height_b=%d\n",height_a,height_b);
   temp=height_a;
   height_a=height_b;
   height_b=temp;
   printf("(3)height_a=%d,height_b=%d\n",height_a,height_b);
}
main()
{  int height_1=166,height_2=178;         /*给两个变量赋值*/
   printf("(1)height_1=%d,height_2=%d\n",height_1,height_2);
   swap(height_1,height_2);
```

```
    printf("(4)height_1=%d,height_2=%d\n",height_1,height_2);
}
```

程序运行结果是:

```
(1)height_1=166,height_2=178
(2)height_a=166,height_b=178
(3)height_a=178,height_b=166
(4)height_1=166,height_2=178
```

从结果可以看出,形参值发生了改变,而实参并没有变化,具体过程如图 2-13 所示。

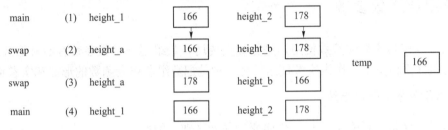

图 2-13 实参和形参的变化

【例 2-35】 编写函数 isprime（int prime）,用来判断自变量 prime 是否是素数。若是素数,函数返回整数 1,否则返回 0,在主函数中进行测试,输出测试结果。

例题分析:

在此例中须编写 isprime(int prime)函数,若要判断一个数是否为素数有一个算法:可以用这个数不断除以 2 到这个数的一半,若能被其中一个数整除,则不为素数;若不能整除,则为素数。此用循环可以完成。若为素数,返回 1,否则返回 0。

代码实现:

```
#include<stdio.h>
int isprime(int prime);              /*isprime 函数的说明语句*/
void main()
{
int x;
printf("请输入一个整数值:");
scanf("%d",&x);                      /*由键盘输入一个整数*/
if(isprime(x))
  printf("%d 是素数\n",x);            /*当函数返回 1 时,输出是素数*/
else
  printf("%d 不是素数\n",x);          /*当函数返回 0 时,输出是不素数*/
}
int isprime(int prime)
{   int i;
    for(i=2;i<=prime/2;i++)          /*prime 一旦能被某个数整除,即不是素数,返回 0*/
        if(prime%i==0) return 0;
```

```
        return 1;    /*prime 不能被 2-prime/2 之间任何一个数整除，即不是素数，返回 1*/
}
```

程序运行结果是：

```
请输入一个整数值:13
13是素数
Press any key to continue
```

三、数组作函数参数

数组可以作为函数的参数使用，进行数据传送。数组用作函数参数有两种形式，一种是把数组元素（下标变量）作为实参使用；另一种是把数组名作为函数的形参和实参使用。

1. 数组元素作函数参数

数组元素就是下标变量，它与普通变量并无区别。因此它作为函数实参使用与普通变量是完全相同的，在发生函数调用时，把作为实参的数组元素的值传送给形参，实现单向的值传送。

【例 2-36】 判别一个整数数组中各元素的值，若大于 0，则输出该值，若小于等于 0，则输出 0 值。

代码实现：

```
#include <stdio.h>
void nzp(int v)
{
   if(v>0)
      printf("%d",v);
   else
      printf("0");
}
void main()
{
   int a[5],i;
   printf("input 5 numbers\n");
   for(i=0;i<5;i++)
     {scanf("%d",&a[i]);
       nzp(a[i]);
     }
   printf("\n");
}
```

程序运行结果是：

```
input 5 numbers
1 2 3 4 5
1 2 3 4 5
Press any key to continue
```

2. 数组名作函数参数

用数组名作函数参数与用数组元素作实参有几点不同：

（1）用数组元素作函数实参时，只要数组类型和函数的形参变量的类型一致，那么作为下标变量的数组元素的类型也和函数形参变量的类型是一致的。因此并不要求函数的形参也是下标变量。换句话说，对数组元素的处理是按普通变量对待的。

用数组名作函数参数时，则要求形参和相对应的实参都必须是相同类型的数组，都必须有明确的数组说明。当形参和实参二者不一致时，即会发生错误。

（2）在普通变量或下标变量作函数参数时，形参变量和实参变量是由编译系统分配的两个不同的内存单元。在函数调用时发生的值传送是把实参变量的值赋予形参变量。在用数组名作函数参数时，不是进行值的传送，即不是把实参数组的每一个元素的值都赋予形参数组的各个元素。因为实际上形参数组并不存在，编译系统不为形参数组分配内存。那么，数据的传送是如何实现的呢？在 C 程序中，数组名就是数组的首地址。因此在数组名作函数参数时所进行的传送只是地址的传送，也就是说把实参数组的首地址赋予形参数组名。形参数组名取得该首地址之后，也就等于有了实在的数组。实际上是形参数组和实参数组为同一数组，共同拥有一段内存空间。

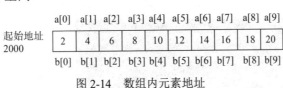

图 2-14 数组内元素地址

上图 2-14 说明了这种情形，图中设 a 为实参数组，类型为整型。A 占有以 2000 为首地址的一块内存区，B 为形参数组名。当发生函数调用时，进行地址传送，把实参数组 a 的首地址传送给形参数组名 b，于是 b 也取得该地址 2000。于是 a、b 两数组共同占有以 2000 为首地址的一段连续内存单元。从图中还可以看出 a 和 b 下标相同的元素实际上也占相同的两个内存单元(整型数组每个元素占四个字节)。例如 a[0]和 b[0]都占用 2000、2001、2002 以及 2003 四个单元，当然 a[0]等于 b[0]，依次类推则有 a[i]等于 b[i]。

（3）如前所述，在变量作函数参数时，所进行的值传送是单向的。即只能从实参传向形参，不能从形参传回实参。形参的初值和实参相同，而形参的值发生改变后，实参并不变化，两者的终值是不同的。而当用数组名作函数参数时，情况则不同。由于实际上形参和实参为同一数组，因此当形参数组发生变化时，实参数组也随之变化。当然这种情况不能理解为发生了"双向"的值传递。但从实际情况来看，调用函数之后实参数组的值将由于形参数组值的变化而变化。

【例 2-37】 数组 a 中存放了一个学生 5 门课程的成绩，求平均成绩。

代码实现：

```
#include <stdio.h>
```

```
float aver(float a[5])
{
    int i;
    float av,s=a[0];
    for(i=1;i<5;i++)
      s=s+a[i];
    av=s/5;
    return av;
}
void main()
{
    float sco[5],av;
    int i;
    printf("\ninput 5 scores:\n");
    for(i=0;i<5;i++)
      scanf("%f",&sco[i]);
    av=aver(sco);
    printf("average score is %5.2f\n",av);
}
```

程序运行结果是:

```
input 5 scores:
89 90 84 79 91
average score is 86.60
Press any key to continue
```

用数组名作为函数参数时还应注意以下几点：

（1）形参数组和实参数组的类型必须一致，否则将引起错误。

（2）形参数组和实参数组的长度可以不相同，因为在调用时，只传送首地址而不检查形参数组的长度。当形参数组的长度与实参数组不一致时，虽不至于出现语法错误(编译能通过)，但程序执行结果将与实际不符，这是应予以注意的。

四、函数的嵌套和递归调用

1. 函数的嵌套调用

C 语言中不允许作嵌套的函数定义，因此各函数之间是平行的，不存在上一级函数和下一级函数的问题。但是允许在一个函数的函数体中出现对另一个函数的调用，即函数的嵌套调用，即在被调函数中又调用其他函数。这与其他语言的子程序嵌套的情形是类似的，其关系如图 2-15 所示。

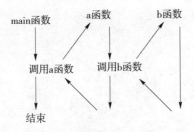

图 2-15　函数嵌套调用

图 2-15 表示了两层嵌套的情形,其执行过程是:执行 main 函数中调用 a 函数的语句时,即转去执行 a 函数,在 a 函数中调用 b 函数时,又转去执行 b 函数,b 函数执行完毕返回 a 函数的断点继续执行,a 函数执行完毕,返回 main 函数的断点,继续执行后续语句。

【例 2-38】　计算 s = 1! + 2! + ……+ 10!

例题分析:

本题可编写两个函数,一个是用来计算阶乘值的函数 fac,另一个是用来计算和的函数 sum。

首先 fac 函数计算阶乘,需利用循环语句实现乘积,循环语句从 1 循环到形参变量 p,然后 sum 函数求和,实现和的累加。在 main 函数中调用求和函数,求和函数中调用求阶乘函数。函数嵌套调用过程如图 2-16 所示。

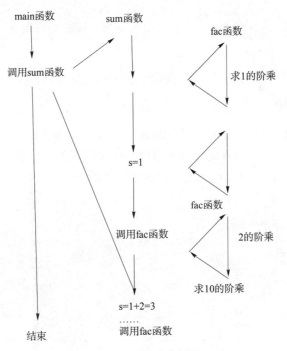

图 2-16　函数嵌套调用

代码实现:

```
#include<stdio.h>
long sum(int q)
{
    int i;
```

```
    long s=0;
    long fac(int);
    for(i=1;i<=q;i++)
        s=s+fac(i);
    return s;
}
long fac(int p)
{
    long c=1;
    int i;
    for(i=1;i<=p;i++)
        c=c*i;
    return c;
}
void main()
{
    int i=10;
    long s=0;
    s=sum(i);
    printf("\ns=%ld\n",s);
}
```

2. 函数的递归调用

在一个函数的函数体内，直接或间接地调用它自身的调用方式，称为递归调用。这种函数称为递归函数。C语言允许函数的递归调用。在递归调用中，主调函数又是被调函数。执行递归函数将反复调用其自身，每调用一次就进入新的一层。

例如，有函数f如下：

```
int f(int x)
{
int y;
z=f(y);
return z;
}
```

这个函数是一个递归函数，但是运行该函数将无休止地调用其自身，这当然是不正确的。为了防止递归调用无休止地进行，必须在函数内有终止递归调用的手段。常用的办法是加条件判断，满足某种条件后就不再作递归调用，然后逐层返回。下面举例说明递归调用的执行过程。

【例2-39】 用递归法计算n!

例题分析：用递归法计算n!可用下述公式表示：

```
n!=1          (n=0,1)
n×(n-1)!      (n>1)
```

当 n 等于 0 和 1 时,阶乘有一个确定的值 1,相反,阶乘没有一个确定的值,而等于本身乘以前一个数的阶乘。这本身符合递归的定义,注意的是递归调用一定要有一个确定的终止条件。

代码实现:

```
#include<stdio.h>
long ff(int n)
{
    long f;
    if(n<0) printf("n<0,input error");
    else if(n==0||n==1) f=1;
    else f=ff(n-1)*n;
    return(f);
}
void main()
{
    int n;
    long y;
    printf("\ninput a inteager number:\n");
    scanf("%d",&n);
    y=ff(n);
    printf("%d!=%ld\n",n,y);
}
```

程序运行结果是:

```
input a inteager number:
6
6!=720
Press any key to continue
```

下面我们再举例说明该过程。设执行本程序时输入为 5,即求 5!。在主函数中的调用语句即为 y=ff(5),进入 ff 函数后,由于 n=5,>1,故应执行 f=ff(n-1)*n,即 f=ff(5-1)*5。该语句对 ff 作递归调用,即 ff(4)。

进行四次递归调用后,ff 函数形参取得的值变为 1,故不再继续递归调用,而开始逐层返回主调函数。ff(1)的函数返回值为 1,ff(2)的返回值为 1*2=2,ff(3)的返回值为 2*3=6,ff(4)的返回值为 6*4=24,最后返回值 ff(5)为 24*5=120。

【例2-40】 用递归算法根据以下求平方根的迭代公式求某数 a 的平方根

```
x1=1/2 (x0+a/ x0)
```

例题分析：

利用以上迭代公式求某数的平方根的算法步骤如下：

（1）可自定义一个值给 x0 作为初值，在此，取 a/2 作为 x0 的初值，利用迭代公式求出一个 x1。

（2）把新求得的 x1 的值赋给 x0，准备用此新的 x0 再去求一个新的 x1。

（3）利用迭代公式再求出一个新的 x1，也就是用新的 x0 又求出一个新平方根，x1，此值将更趋进真正的平方根值。

（4）比较前后两次所求的平方根值 x0 和 x1，若它们之间的误差小于或等于指定的 10^{-6}，则以为 x1 就是 a 的平方根值，就是递归结束的条件；若它们之间的误差大于 10^{-6}，则再转去执行步骤（2），即调用自身。

代码实现：

```c
#include<stdio.h>
#include<math.h>
double mysqrt(double a,double x0)
{
double x1;
  x1=(x0+a/x0)/2.0;
if(fabs(x1-x0)>0.000001)
 return mysqrt(a,x1);
else
   return x1;
}
void main()
{   double a;
    printf("请输入a的值：\n");
    scanf("%lf",&a);
printf("%f的平方根是%f\n",a,mysqrt(a,1.0));
}
```

程序运行结果是：

```
请输入a的值:
1.5
1.500000的平方根是1.224745
Press any key to continue_
```

> **注意**
>
> 递归调用本身一定要有一个确定的终止条件。

五、局部变量和全局变量

在之前见过的程序中，变量均是在函数内定义的，这些变量也仅仅只在函数内有效，离开了本函数，变量就无法使用。这种变量有效性的范围称为变量的作用域。C 语言中所有的变量都有自己的作用域，变量说明的方式不同，其作用域也不同。在 C 语言中，变量按作用域范围可分为两种：即局部变量和全局变量。

1. 局部变量

在函数内或者是复合语句内定义的变量称为局部变量（也称内部变量），作用域只在本函数内或者本复合语句内有效，即离开了函数或者复合语句就不能再访问该变量。

例如：

```
void fun1(int x,int y)
{
int a,b;              //a,b 以及 x,y 是 fun1 函数内的局部变量,只在该函数内有效
…
}
void fun2(int t)
{
float a,c;            //a,c,t 是 fun2 函数内的局部变量,只在该函数内有效
…
}
void main()
{
int a,b,c;            //a,b,c 是主函数内定义的局部变量,只在主函数内有效
}
```

局部变量的几点说明：

（1）主函数内定义的变量也只在主函数内有效，并不因为在主函数中定义而在整个文件中有效，同时主函数也不能使用其他函数定义的局部变量。

（2）在不同函数内可以定义同名的变量，它们代表不同的对象，有各自的作用域，互不干扰，如上例 fun1 函数内的 a 和 fun2 函数内的 a 是不同的变量，只在自己所在的函数中有效。

（3）形式参数也是局部变量,如上例中 fun1 函数内的 x 和 y，fun2 函数内的 t，只在本函数内有效。

（4）在函数内部可以有复合语句，该复合语句也称为"程序块"或"分程序"，在复合语句内可以定义局部变量，一旦离开了复合语句，局部变量就无效，系统会把它占用的内存释放掉。

例：

```
void main()
{
```

```
int a,b;            //a,b属于主函数内的局部变量
…
{
int c;              //c变量属于复合语句内的局部变量,只在本语句内有效
c=a+b;
}
…
}
```

（5）在函数内和复合语句内如果定义了同名的局部变量，则复合语句内函数内的局部变量会被屏蔽掉。

【例2-41】 复合语句内和函数内局部变量

```
#include<stdio.h>
void main()
{
    int a=0,i=0;                    //主函数内的局部变量
    {
     int i=1;                       //复合语句内定义了局部变量i
     a++;i++;
    }
    printf("i=%d,a=%d\n",i,a);      //输出i和a的值,这里i是主函数的局部变量
}
```

程序运行结果是：

```
i=2
i=0,a=1
Press any key to continue_
```

例题分析：从结果可以看出，a属于主函数内的局部变量，在整个函数内均有效，而在函数内和复合语句内定义了同名的局部变量i，复合语句内局部变量屏蔽了函数的同名局部变量，而离开了复合语句，其定义的局部变量失效。

2. 全局变量

一个源文件中可以包含一个函数或者是多个函数，在函数内定义的变量是局部变量，而在函数外定义的变量称为外部变量（也称全局变量），全局变量可以在本文件的其他函数中使用，它的作用域从定义位置开始到本源文件结束。

例如：

```
int a=1,b=2;             //定义全局变量a和b,作用域从此开始到文件结束
void f1(int x)           //定义函数f1,x是局部变量
{
```

```
        int y,z;              //定义函数f1内的局部变量
        …
    }
    char m,n;                 //全局变量m和n,作用域从此开始到文件结束
    void f2(int x)            //定义函数f2,x是局部变量
    {
        int i,j;              //定义函数f2内的局部变量
        …
    }
    void main()               //主函数
    {
        int c1,c2;            //定义主函数内的局部变量
    …
    }
```

> **说明**
> 　　a, b, m, n均是全局变量，但是它们的作用域不同，在f1函数、f2函数以及main函数中可以使用全局变量a、b，在f2函数、main函数中可以使用全局变量m、n，而在f1函数中不能使用m和n。

全局变量的几点说明：

（1）在函数内定义的变量是局部变量，在函数外定义的变量是全局变量。
（2）在一个函数内既可以使用本函数的局部变量，也可以使用有效的全局变量。
（3）全局变量的设置增加了函数间数据联系的渠道。
（4）有的时候为了区分局部变量和全局变量，通常有个约定（非规定），将全局变量的首字母用大写表示。
（5）在同一个源文件中，在局部变量的作用域中，可以出现局部变量和全局变量同名的情况，这时局部变量有效，全局变量被屏蔽。
（6）使用全局变量过多，会降低程序的清晰性，所以在不必要的情况下不使用全局变量。

【例2-42】　输入正方体的长宽高l，w，h。求体积及三个面x*y，x*z，y*z的面积。
代码实现：

```
#include<stdio.h>
int s1,s2,s3;             //定义3个全局变量用来存放三个面的面积
int vs(int a,int b,int c)
{
    int v;
    v=a*b*c;
    s1=a*b;
    s2=b*c;
    s3=a*c;
```

```
    return v;
}
void main()
{
  int v,l,w,h;              //定义正方体的长宽高
  printf("\ninput length,width and height:\n");
  scanf("%d%d%d",&l,&w,&h);
  v=vs(l,w,h);
  printf("\nv=%d,s1=%d,s2=%d,s3=%d\n",v,s1,s2,s3);
}
```

结果请读者自行分析。

【例2-43】 局部变量和全局变量同名情况

```
#include<stdio.h>
int a=5,b=8;                /*a,b为外部变量*/
max(int x,int y)            /*x,y为局部变量*/
{
  int c;
  c=x>y?x:y;
  return c;
}
void main()
{
  int a=12;                 //a为主函数内的局部变量,与全局变量a作用域重合
  printf("%d\n",max(a,b));
}
```

程序运行结果是:

```
12
Press any key to continue
```

例题分析:从结果可以看出来,主函数中的局部变量 a(值为 12)屏蔽了全局变量 a(值为5),为此 max 函数求的是 12 和 8 的最大值。

六、变量的存储类别

1. 动态存储方式与静态动态存储方式

如前所述,从变量的作用域(即从空间)角度来分,变量可以分为全局变量和局部变量。从另一个角度,从变量值存在的时间(即生存期)角度来分,变量可以分为静态存储方

式和动态存储方式。

静态存储方式：是指在程序运行期间分配固定的存储空间的方式。

动态存储方式：是指在程序运行期间根据需要进行动态的分配存储空间的方式。

用户存储空间可以分为如图 2-17 所示的三个部分。

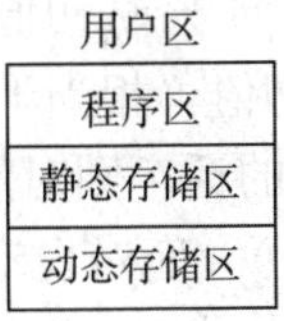

用户区
程序区
静态存储区
动态存储区

图 2-17　用户存储空间

全局变量全部存放在静态存储区，在程序开始执行时给全局变量分配存储区，程序执行完毕就释放。在程序执行过程中，它们占据固定的存储单元，而不是动态地进行分配和释放。

在动态存储区存放以下数据：

（1）函数形式参数。在函数被调用时，给形参分配存储空间；当函数调用结束，存储空间进行释放。

（2）自动变量（未加 static 声明的局部变量）。

（3）函数调用时的返回地址。

对以上这些数据，在函数开始调用时分配动态存储空间，函数结束时释放这些空间。在 C 语言中，每个变量和函数有两个属性：数据类型和数据的存储类别。数据类型是指整型、字符型等，存储类别是指数据在内存中的存储方式（静态存储方式或者动态存储方式）。

2. 局部变量的存储类别

（1）局部自动变量（局部 auto 变量）

函数中的局部变量，如不专门声明为 static 存储类别，都是动态地分配存储空间的，数据存储在动态存储区中。函数中的形参和在函数中定义的变量（包括在复合语句中定义的变量）都属此类，在调用该函数时系统会给它们分配存储空间，在函数调用结束时就自动释放这些存储空间。这类局部变量称为自动变量。自动变量用关键字 auto 作存储类别的声明。

例如：

```
int f(int a)              /*定义 f 函数，a 为参数*/
{auto int b,c=3;          /*定义 b，c 自动变量*/
 ……
}
```

其中，a 是形参，b，c 是函数 f 内的自动变量，对 c 赋初值 3，执行完 f 函数后，自动释放 a，b，c 所占的存储单元。

关键字 auto 可以省略，auto 不写则隐含定义为"自动存储类别"，属于动态存储方式，前面我们所用到的变量都是自动变量。

（2）静态局部变量（static 局部变量）

有时希望函数中的局部变量的值在函数调用结束后不消失而保留原值，即占用的存储单元不随着函数的结束而释放，在下一次再次调用该函数时，该变量的值是上一次函数调用结束时的值，这时就应该指定该局部变量为"静态局部变量"，用关键字 static 进行声明。

对静态局部变量的说明：

① 静态局部变量属于静态存储类别，在静态存储区内分配存储单元，在程序整个运行期间都不释放。而自动变量（即动态局部变量）属于动态存储类别，占用动态存储空间，函数调用结束后即释放。

② 静态局部变量在编译时赋初值，即只赋初值一次；而对自动变量赋初值是在函数调用时进行，每调用一次函数重新给一次初值，相当于执行一次赋值语句。

③ 如果在定义局部变量时不赋初值的话，则对静态局部变量来说，编译时自动赋初值 0（对数值型变量）或空字符（对字符变量）。而对自动变量来说，如果不赋初值，则它的值是一个不确定的值。

④ 静态局部变量在函数调用结束后仍然存在，但是其他函数是不能引用它的。

【例 2-44】 考察静态局部变量的值。

例题分析：

静态变量存在于静态存储区，在文件运行期间始终存在，所以在函数调用返回后内存并不会释放，值会一直保留至文件结束；而自动变量存在与动态存储区，会随着函数的调用结束而进行释放。

代码实现：

```
#include<stdio.h>
void f()
{ int b=0;
  static int c=0;
  b++;
  c++;
  printf("b=%d,c=%d\n",b,c);
}
void main()
{int i;
  for(i=1;i<3;i++)
    f();
}
```

程序运行结果是：

```
b=1,c=1
b=1,c=2
Press any key to continue
```

【例 2-45】 使用静态变量打印 1～5 的阶乘值

例题分析：

把变量 i 设为静态变量，初始值为 1，首先求 1 的阶乘，并保留 1 的阶乘的值；然后 main 函数传递实参 2，2 乘以 1 的阶乘即为 2 的阶乘，保留 2 的阶乘的值；main 函数继续传递 3，4，5，从而实现求 1~5 的阶乘值。

代码实现：

```c
#include<stdio.h>
int fac(int n)
{
  static int f=1;
  f=f*n;
  return f;
}
main()
{
  int i;
  for(i=1;i<=5;i++)
  printf("%d!=%d\n",i,fac(i));
}
```

运行结果请读者自行分析。

3. 寄存器变量（register 变量）

多数情况下，变量（包括静态存储方式和动态存储方式）的值是放在内存中的，程序访问到某个变量时，计算机的控制器便发出指令将内存中该变量的值送到运算器中，运算后，再将值送到内存中，如此反复。而编程中有些变量使用频繁，为了提高效率，C 语言允许将局部变量的值放在 CPU 中的寄存器中，这种变量叫"寄存器变量"，用关键字 register 作声明，基本形式如下：

```
register int a;         //定义 a 为寄存器变量
```

> **注意**
> （1）只有局部自动变量和形式参数可以作为寄存器变量；
> （2）一个计算机系统中的寄存器数目有限，不能定义任意多个寄存器变量；
> （3）局部静态变量不能定义为寄存器变量。

4. 用 extern 声明外部变量

外部变量（即全局变量）是在函数的外部定义的，它的作用域为从变量定义处开始，到本程序文件的末尾。如果外部变量不在文件的开头定义，其有效的作用范围只限于定义处到文件终了。如果在定义点之前的函数想引用该外部变量，则应该在引用之前用关键字 extern 对该变量作"外部变量声明"。表示该变量是一个已经定义的外部变量。有了此声明，就可以从"声明"处起，合法地使用该外部变量。

【例 2-46】 用 extern 声明外部变量，扩展程序文件中的作用域。

```c
#include<stdio.h>
int max(int x,int y)
```

```
{
    int z;
    z=x>y?x:y;
    return(z);
}
void main()
{
    extern int A,B;            //把全局变量的作用域扩展到从此处开始
    printf("%d\n",max(A,B));
}
int A=13,B=-8;
```

例题分析：在本程序文件的最后 1 行定义了外部变量 A，B，但由于外部变量定义的位置在函数 main 之后，因此本来在 main 函数中不能引用外部变量 A，B。现在我们在 main 函数中用 extern 对 A 和 B 进行"外部变量声明"，就可以从"声明"处起，合法地使用该外部变量 A 和 B。

任务实现

通过数组名可以实现各个功能函数之间的数据传递，将之前任务 1 中定义的所有函数均改为以下：

```
#include<stdio.h>
#include<string.h>          //用到了此头文件里面的strcmp(a,b);strcpy(a,b);
#include<stdlib.h>          //用到了此头文件里面的 exit(0); system("cls");
system("pause");
#include<windows.h>         //用到了此头文件里面的Sleep(n)函数（程序会停n毫秒）
#define N 3                 //预处理，为了方便测试设置为3，下面的代码中N就是3
struct STU
{
    int num;                //学号
    char name[20];
    int age;
    char sex;
};
int i;                      //用于下面所有for循环变量
int counter=0;              //计数器（用于记录删除了几个）
void menu(struct STU student[],int m);              //主菜单函数
void InputData(struct STU student[],int m);         //输入学生信息函数
void InquiryData(struct STU student[],int m);       //查询学生信息函数
void DeleteData(struct STU student[],int m);        //删除学生信息函数
```

```c
void SortData(struct STU student[],int m);         //排序函数  任务3学习
void ChangeData(struct STU student[],int m);       //修改函数
void SaveData(struct STU student[],int m);         //保存函数  任务5学习
void OutputData(struct STU student[],int m);       //输出函数
//因为主调函数 main()在最上面,所以要先将被调函数都声明一遍（主调函数如果写在被调函数下面
则不用在前面声明）
int main()
{
    struct STU student[N];
    menu(student,N);                               //调用主菜单函数
}
void menu(struct STU student[],int m)
{
    int x;                                         //用于接收用户输入的功能选项
    system("cls");                                 //清屏
    printf("\t\t————————————————————\n");
    printf("\t\t|                            |\n");
    printf("\t\t|      欢迎使用学籍管理系统    |\n");
    printf("\t\t|                            |\n");
    printf("\t\t————————————————————\n\n");
    printf("\t\t1.输入学生基本信息\n");
    printf("\t\t2.查询学生信息（1.学号查询 2.姓名查询）\n");
    printf("\t\t3.删除学生信息（1.学号删除 2.姓名删除）\n");
    printf("\t\t4.学生信息排序（1.学号排序 2.姓名排序）\n");
    printf("\t\t5.修改学生基本信息\n");
    printf("\t\t6.保存学生基本信息\n");
    printf("\t\t7.输出所有学生信息\n");
    printf("\t\t8.退出程序\n\n");
    printf("\t\t请输入选项：");
    while(1)                                       //选择错误可重新输入
    {
        scanf("%d",&x);                            //输入选项
        switch(x)
        {
        case 1 :
            InputData(student,m);
            break;
        case 2 :
            InquiryData(student,m);
            break;
```

```
            case 3 :
                DeleteData(student,m);
                break;
            case 4 :
                SortData(student,m);
                break;
            case 5 :
                ChangeData(student,m);
                break;
            case 6 :
                SaveData(student,m);
                break;
            case 7 :
                OutputData(student,m);
                break;
            case 8 :
                exit(0);                                          //退出函数
                break;
            default :
                printf("\t\t选项有误请重新输入：");
        }
    }
}
void InputData(struct STU student[],int m)
{
    system("cls");
    printf("\t\t————————————————————\n");
    printf("\t\t|                              |\n");
    printf("\t\t|      欢迎进入学生信息录入系统      |\n");
    printf("\t\t|                              |\n");
    printf("\t\t————————————————————\n\n");
    printf("\t\t请输入学生信息：学号 名字 年龄  性别（性别：男：M，女：W）\n");
    for(i=1;i<m;i++)
    {
        printf("\t\t\t\t");
        scanf("%d%s%d    %c",&student[i].num,student[i].name,&student[i].age,&student[i].sex);
    }
    printf("\t\t录入完成返回主界面");
    Sleep(2000);//停2秒（()里的2000是两千毫秒）然后返回主界面函数
```

```c
    menu(student,m);
}
void InquiryData(struct STU student[],int m)
{
    int x;                        //用于选择查询方式
    int n=1;                      //用于标记是否正确选择
    int num;                      //学号
    char name[20];
    system("cls");
    printf("\t\t————————————————————————————\n");
    printf("\t\t|                              |\n");
    printf("\t\t|       欢迎进入学生信息查询系统    |\n");
    printf("\t\t|                              |\n");
    printf("\t\t————————————————————————————\n\n");
    printf("\t\t请选择查询方式（1.学号查询 2.姓名查询）：");
    while(n)                      //如果正确选择将不会循环。因为选择正确，n会被赋值0
    {
        scanf("%d",&x);           //输入选择的查询方式
        switch(x)
        {
        case 1 :
            printf("\t\t你选择了学号查询\n");
            printf("\t\t请输入学号：");
            scanf("%d",&num);//输入学号
            for(i=1;i<m-counter;i++)//N-counter(总数-删除的人数)
                if(num==student[i].num)
                {
                    printf("\t\t你要查询的学生信息为：学号：%d 姓名：%s 年龄：%d 性别：%c\n",student[i].num,student[i].name,student[i].age,student[i].sex);
                    break;
                }
            if(i==m-counter)
                printf("\t\t查无此人！\n");
            n=0;
            break;
        case 2 :
            printf("\t\t你选择了姓名查询\n");
            printf("\t\t请输入姓名：");
            getchar();/*因为上面选完查询方式会按一下回车。 getchar();就是为了接收这个回车。如果不接收，回车直接会赋给下一行的gets(name);*/
```

```c
            gets(name);           //输入姓名
            for(i=1;i<m-counter;i++)
            {
                if(strcmp(name,student[i].name)==0)
                {
                    printf("\t\t 你要查询的学生信息为：学号：%d 姓名：%s 年龄：%d 性别：%c\n",student[i].num,student[i].name,student[i].age,student[i].sex);
                    break;
                }
            }
            if(i==m-counter)
                printf("\t\t 查无此人！\n");
            n=0;
            break;
        default :
            printf("\t\t 选择错误，请重新输入你要选择的查询方式：");
        }
    }
    printf("\t\t 查询完成");
    system("pause");
    menu(student,m);
}
void DeleteData(struct STU student[],int m)
{
    int x;                    //用于选择删除方式
    int n=1;                  //用于标记是否正确选择
    int num;                  //学号
    int j;                    //for 循环变量
    int yes;                  //用于确认是否删除
    int no;                   //用于确认是否继续删除其他学生
    char name[20];
    system("cls");
    printf("\t\t——————————————————————\n");
    printf("\t\t|                                |\n");
    printf("\t\t|      欢迎进入学生信息删除系统     |\n");
    printf("\t\t|                                |\n");
    printf("\t\t——————————————————————\n\n");
    printf("\t\t 请选择删除方式（1.学号删除 2.姓名删除）：");
    while(n)                  //如果正确选择将不会循环。因为选择正确，n 会被赋值 0
    {
```

```c
        scanf("%d",&x);              //输入选择的删除方式
        switch(x)
        {
        case 1 :
            n=0;
            printf("\t\t 你选择了学号删除\n");
            printf("\t\t 请输入你要删除的学生的学号：");
            scanf("%d",&num);
            for(i=1;i<m-counter;i++)
                if(num==student[i].num)
                    break;/*如果找到学号相同的就跳出 for 循环。这时 i 就是要删除的同学的位置*/
            if(i==m-counter)   //但也有可能上面的 for 循环循环完才结束，所以要判断一下
            {
                printf("\t\t 没有这位同学，请确认后输入\n");
                break;//退出 switch(x)语句
            }
            printf("\t\t 你要删除的学生为：");
            puts(student[i].name);
                for(j=i;j<m-1-counter;j++)/*上面 for 循环跳出之后，i 就是要删除的学
生。所以从 i 开始将后面的信息向前移一个位置 N-1-counter*/
                    student[j]=student[j+1];
            counter++;        //删除一个计数器加 1 说明删除了 1 个
            break;
        case 2 :
            n=0;
            printf("\t\t 你选择了姓名删除\n");
                printf("\t\t 请输入你要删除的学生的名字：");
                getchar();         //和查询函数中 case 2 : 的第三行的 getchar();同理
                gets(name);
                for(i=1;i<m-counter;i++)
                    if(strcmp(name,student[i].name)==0)
                        break;
                if(i==m-counter)
                {
                    printf("\t\t 没有这位同学，请确认后输入\n");
                    break;
                }
                for(j=i;j<m-1-counter;j++)
                    student[j]=student[j+1];
                counter++;
```

```c
            break;
        default :
            printf("\t\t选择错误,请重新输入你要选择的删除方式:");
        }
    }
    printf("\t\t删除完成返回主界面");
    Sleep(2000);
    menu(student,m);
}
void ChangeData(struct STU student[],int m)
{
    int num;//学号
    system("cls");
    printf("\t\t——————————————————————————\n");
    printf("\t\t|                              |\n");
    printf("\t\t|        欢迎进入学生信息修改系统    |\n");
    printf("\t\t|                              |\n");
    printf("\t\t——————————————————————————\n\n");
    printf("\t\t请输入你要修改学生的学号:");
    scanf("%d",&num);                //输入学号
    for(i=1;i<m-counter;i++)
        if(student[i].num==num)
            break;
    if(i==m-counter)
    {
        printf("\t\t查无此人,请确认后输入\n");
        system("pause");
        menu(student,m);
    }
    printf("\t\t你要修改的学生为:%s\n",student[i].name);
    printf("\t\t请输入修改的信息:学号姓名年龄性别\n");
    printf("\t\t\t\t");
    scanf("%d%s%d %c",&student[i].num,student[i].name,&student[i].age,&student[i].sex);
    printf("\t\t修改完成,返回主界面");
    Sleep(2000);
    menu(student,m);
}
void OutputData(struct STU student[],int m)
{
```

```
            system("cls");
            printf("\t\t——————————————————————\n");
            printf("\t\t|                              |\n");
            printf("\t\t|      欢迎进入学生信息输出系统      |\n");
            printf("\t\t|                              |\n");
            printf("\t\t——————————————————————\n\n");
            for(i=1;i<m-counter;i++)
            printf("\t\t%d %s %d %c\n",student[i].num,student[i].name,student[i].age,student[i].sex);
            printf("\t\t");
            system("pause");
            menu(student,m);}
```

上机实训

1．编写函数计算 Fibonacci 数列的值。

2．运用递归法将一个整数 n 转化成字符串，例如输入一个 438，应输出字符串"4 3 8"即以"%2d"形式输出，n 的位数不确定。

3．定义 max 函数，输出 2 个数的最大值。

4．自定义函数完成 strcpy 的功能，并在主函数中进行测试。

5．自定义函数完成 strlen 的功能，并在主函数中进行测试。

习题

一、选择题

1．C 语言中函数返回值的类型是由_____决定的。

　　A．函数定义时指定的类型

　　B．return 语句中的表达式类型

　　C．调用该函数时的实参的数据类型

　　D．形参的数据类型

2．在 C 语言中，函数的数据类型是指_____。

　　A．函数返回值的数据类型　　　　B．函数形参的数据类型

　　C．调用该函数时的实参的数据类型　D．任意指定的数据类型

3．C 程序中函数返回值的类型是由（　　）决定的。

　　A．函数定义时指定的函数类型　　B．函数中使用的最后一个变量的类型

　　C．调用函数时临时确定　　　　　D．调用该函数的主调函数类型

4．C 语言规定，简单变量做实参时，它和对应形参之间的数据传递方式为 _____。

　　A．由系统选择　　　　　　　　　B．单向值传递

　　C．由用户指定传递方式　　　　　D．地址传递

5. 在函数调用时,以下说法正确的是_____。
   A. 函数调用后必须带回返回值
   B. 实际参数和形式参数可以同名
   C. 函数间的数据传递不可以使用全局变量
   D. 主调函数和被调函数总是在同一个文件里
6. 在 C 语言程序中,有关函数的定义正确的是_____。
   A. 函数的定义可以嵌套,但函数的调用不可以嵌套
   B. 函数的定义不可以嵌套,但函数的调用可以嵌套
   C. 函数的定义和函数的调用均不可以嵌套
   D. 函数的定义和函数的均可以嵌套
7. 以下对 C 语言函数的有关描述中,正确的是_____。
   A. 在 C 语言程序中,调用函数时,如函数参数是简单变量,则只能把实参的值传递给形参,形参的值不能传送给实参
   B. C 语言函数既可以嵌套定义又可递归调用
   C. C 语言函数必须有返回值,否则不能使用函数
   D. 在 C 语言程序中有调用关系的所有函数必须放在同一个源程序文件中
8. C 语言中对函数的描述正确的是_____。
   A. 可以嵌套调用,不可以递归调用   B. 可以嵌套定义
   C. 嵌套调用,递归调用均可   D. 不可以嵌套调用
9. 以下叙述中正确的是_____。
   A. 构成 C 程序的基本单位是函数
   B. 可以在一个函数中定义另一个函数
   C. main()函数必须放在其他函数之前
   D. 所有被调用的函数一定要在调用之前进行定义
10. 用数组名作为函数调用时的实参时,传递给形参的是_____。
    A. 数组首地址   B. 数组第一个元素的值
    C. 数组全部元素的值   D. 数组元素的个数
11. 有一函数的定义如:void fun(char *s){......},则不正确的函数调用是_____。
    A. main()
    {char a[20]="abcdefgh";
     fun(a);
     ……
    }
    B. main()
    { char a[20]="abcdefgh";
      fun(&a[0]);
      ……
    }
    C. main()
    { char a[20]="abcdefgh";

```
    char *p=a;fun(p);
    ……
}
```
D. main()
```
{char a[20]="abcdefgh";
 fun(a[]);
 ……
}
```

12. 函数的功能是交换变量 x 和 y 中的值,且通过正确调用返回交换的结果。能正确执行此功能的函数是_____。

A. funa(int x, int y)
{
x=y;
}

B. funb(int x , int y)
{ int t;
t=x; x=y; y=t;
}

C. func(int x, int y)
{
x=y;y=x;
}

D. fund(int x, int y)
{ int t;
x=t;t=x;y=t;
}

13. 有如下程序

```
int func(int a,int b)
{
return(a+b);
}
main()
{
int   x=2,y=x,z=8,r;
r=func(func(x,y),func(y,z));
printf("%d\n",r);   }
```

该程序的输出的结果是_____。
  A. 12   B. 13   C. 14   D. 15
14. 以下程序的输出结果是_____。

```
int   a, b;
void fun()
{   a=100; b=200;   }
main()
{   int   a=100, b=100;
fun();
printf("%d%d \n", a,b);
}
```

      A．100 200   B．100 100   C．200 100   D．200 200

15．下列说法中正确的是_____。

    A．局部变量在一定范围内有效，且可与该范围外的变量同名。

    B．如果一个源文件中，全局变量与局部变量同名，则在局部变量范围内，局部变量不起作用。

    C．局部变量缺省情况下都是静态变量。

    D．函数体内的局部静态变量，在函数体外也有效。

16．在 C 语言中，表示静态存储类别的关键字是_____。

    A．auto   B．register   C．static   D．extern

17．未指定存储类别的变量，其隐含的存储类别为_____。

    A．auto   B．static   C．extern   D．register

二、填空题

1．在一个函数内部调用另一个函数的调用方式称为_____。在一个函数内部直接或间接调用该函数称为函数_____的调用方式。

2．C 语言变量按其作用域分为_____和_____。按其生存期分为_____和_____。

3．如果在定义局部变量时省略了存储类别符，则默认的类型是_____。

4．在一个 C 程序中，若要定义一个只允许本源程序文件中所有函数使用的全局变量，则该变量需要定义的存储类别为_____。

三、分析以下程序运行结果

1．

```
int fun(int n)
{
  int i,s=1;
  for(i=1;i<=n;i++)
    s*=i;
  return s;
}
main()
{
  int i,s=0;
  for(i=1;i<=4;i++)
```

```
  s+=fun(i);
  printf("s=%d\n",s);
}
```

2.

```
int fun(int x,int y)
{
  static int m=0,i=2;
  i+=m+1; m=i+x+y;
  return m;
}
main()
{
int j=1,m=1,k;
k=fun(j,m); printf("%3d",k);
k=fun(j,m); printf("%3d",k);
}
```

3.

```
#include<stdio.h>
int fun(int x)
{
int p;
if(x==0||x==1)
  p=x-fun(x-2);
return p;
}
void main()
{
printf("%d",fun(9));
}
```

任务三　实现学生信息的排序

任务描述

学生学籍管理系统中可以根据需要选择按姓名或者按学号对学生信息进行升序或降序排列。

知识储备

排序算法是一种重要的、基本的算法。本文主要介绍两种排序算法：冒泡排序和选择排序。

一、冒泡排序

1. 基本原理

交换排序的基本思想是通过比较两个数的大小，当满足某些条件时对它进行交换从而达到排序的目的，冒泡排序是典型的交换排序算法。

冒泡排序基本原理（升序）：比较相邻的两个数，如果前者比后者大，则进行交换。每一轮排序结束，选出一个未排序中最大的数放到数组后面。

算法描述：

（1）比较相邻的元素，如果第一个比第二个大，就交换它们两个；

（2）对每一对相邻元素做同样的工作，从开始的第一对到结尾的最后一对，这样在最后的元素应该会是最大的数；

（3）针对所有的元素重复以上的步骤，除了最后一个；

（4）重复步骤1~3，直到排序完成。

这个算法的名字由来是因为越小的元素会经由交换慢慢"浮"到数的顶端。

2. 排序思路

11，33，19，87，34，65，8，30 八个数排序过程。

第 1 次先将最前面的两个数 11 和 33 比较，满足由小到大，不需要对调；

第 2 次 33 和 19 进行比较，不满足关系，则两者对调……如此共进行 7 次，得到 11-19-33-34-65-8-30-87 的顺序，可以看到：最大的数 87 已经"沉底"，成为最下面的数，而小数则"上升"。经过 1 趟比较（共 7 次相邻两个数比较）后，已得到最大值 87。

进行第 2 趟，对余下的 7 个数进行新一轮的比较，使次最大数"沉底"。按照以上的方法需要进行 6 次相邻两个数比较，得到次最大数 65。

进行第 3 趟（共 5 次相邻两个数比较），第 4 趟比较（共 4 次相邻两个数比较），直到第 7 趟比较（共 1 次相邻两个数比较）完成后，所有的数据已经排序完毕，如图 2-18 所示。

初始关键字	第一趟排序后	第二趟排序后	第三趟排序后	第四趟排序后	第五趟排序后	第六趟排序后	第七趟排序后
11	11	11	11	11	11	8	8
33	19	19	19	19	8	11	11
19	33	33	33	8	19	19	
87	34	34	8	30	30		
34	65	8	30	33			
65	8	30	34				
8	30	65					
30	87						

图 2-18 每一趟排序结果

由此可得到结论：如果有 n 个数，则需要进行（n-1）趟比较，在第 1 趟比较中要进行（n-1）次两两比较，在第 j 趟比较中需要进行（n-j）次两两比较。

3. 排序实现

变量的定义：根据题目要求需要定义整型数组 a[9]，用来存储待排序的 8 个整型数据（为了方便，此题目中用 a[1]～a[8]来存储第 1～8 个整数）。还需定义三个整型变量 i、j、t。其中，j 用来表示比较的趟数，i 用来表示每趟两两比较的次数，t 用于存放两数交换时的暂存数据。

具体实现：如果有 n 个数，则要进行（n-1）趟比较。在第 1 趟比较中要进行（n-1）次两两比较，在第 j 趟比较中要进行（n-j）次两两比较。对于 8 个整数的序列来说，一共要进行 7 趟比较，在第 j 趟比较中要进行（8-j）次两两比较。此题要用到循环嵌套，外层循环为比较的趟数 j，内层循环为每趟两两比较的次数（注意 i 与 j 的大小关系）。数组元素两两比较时，如果 a[i]>a[i+1]，则需要交换，否则不交换。7 趟比较完后，数组元素已按从小到大排好顺序，最后，利用 for 循环将排好序的数组元素输出即可，具体实现流程图如图 2-19 所示。

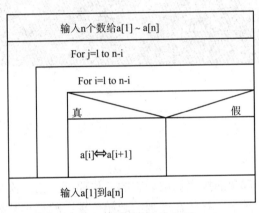

图 2-19　冒泡排序流程图

代码实现：

```
#include<stdio.h>
void main()
{
    int a[9],i,j;
    int t=0;
    printf("请输入 8 个整数:");
    for(i=1;i<=8;i++)
        scanf("%d",&a[i]);          /*输入待排序值*/
    for(j=1;j<=7;j++)               /*排序的总趟数*/
    {
        for(i=1;i<=8-j;i++)         /*每趟要排序的次数*/
        {
            if(a[i]>a[i+1])         /*如果前一个数大于后一个数，则进行交换*/
```

```
            {
                t=a[i];
                a[i]=a[i+1];
                a[i+1]=t;
            }
        }
    }
    printf("排序后的顺序是:");
    for(i=1;i<=8;i++)
    printf("%d ",a[i]);
    printf("\n");
}
```

程序运行结果是：

```
请输入8个整数:11 33 19 87 34 65 8 30
排序后的顺序是:8 11 19 30 33 34 65 87
Press any key to continue
```

二、选择排序

1. 基本原理

选择排序是一种简单直观的排序算法。它的工作原理：第一次从待排序的数据元素中选出最小（或最大）的一个元素，存放在序列的起始位置；然后再从剩余的未排序元素中寻找到最小（或最大）元素，放到已排序的序列的末尾。以此类推，直到全部待排序的数据元素的个数为零。

2. 排序思路

n 个记录的直接选择排序可经过（n-1）趟直接选择排序得到有序结果。具体算法描述如下：

（1）初始状态：无序区为 R [1…n]，有序区为空；

（2）第 i 趟排序（i=1，2，3…，n-1）开始时，当前有序区和无序区分别为 R [1…i-1]和 R（i…n）。该趟排序从当前无序区中选出关键字最小的记录 R [k]，将它与无序区的第 1 个记录 R 交换，使 R [1…i]和 R [i+1…n) 分别变为记录个数增加 1 个的新有序区和记录个数减少 1 个的新无序区；

（3）（n-1）趟结束，数组有序化了。

选择排序的基本思想：

每一趟在 n-i+1（i=1，2，3，…，n-1）个记录中选取关键字最小的记录与第 i 个记录交换，并作为有序序列中的第 i 个记录。

例如：

待排序列： 43，65，4，23，6，98，2，65，7，79
第一趟： 2，65，4，23，6，98，43，65，7，79
第二趟： 2，4，65，23，6，98，43，65，7，79
第三趟： 2，4，6，23，65，98，43，65，7，79
第四趟： 2，4，6，7，43，65，98，65，23，79
第五趟： 2，4，6，7，23，65，98，65，43，79
第六趟： 2，4，6，7，23，43，98，65，65，79
第七趟： 2，4，6，7，23，43，65，98，65，79
第八趟： 2，4，6，7，23，43，65，65，98，79
第九趟： 2，4，6，7，23，43，65，65，79，98

3. 排序实现

变量的定义：需要定义循环体变量 i、j，还需要定义一个用来保存最小值下标变量 k，一个用来实现互换的临时变量 temp。

具体实现：如果有 n 个数，则要进行（n-1）趟比较。在第 i 趟比较中，最小元素的下标即为 i，每趟需要进行 n-1-i 次比较找出本轮最小数的下标，并保存最小数下标。比较后如果下标不是 i，则需要进行互换。

选择排序的流程图如图 2-20 所示。

代码实现：

```c
# include <stdio.h>
int main(void)
{
    int i, j;                    //循环变量
    int k;                       //保存最小的值的下标
    int temp;                    //互换数据时的临时变量
    int a[10] = { 43,65,4,23,6,98,2,65,7,79 };
    for(i=0; i<9; ++i)           //n 个数比较（n-1）轮
    {
        k=i;
        for (j=i+1; j<10; ++j)   //每轮比较（n-1-i）次，找本轮最小数的下标
        {
            if(a[k]>a[j])
            {
                k=j;             //保存小的数的下标
            }
        }
        if(k!=i)    /*找到最小数之后，如果它的下标不是i，则说明它不在最左边，则互换位置*/
        {
            temp= a[k];
```

```
            a[k] = a[i];
            a[i] = temp;
        }
    }
    printf("最终排序结果为:\n");
    for (i=0; i<10; ++i)
    {
        printf("%d ", a[i]);
    }
    printf("\n");
}
```

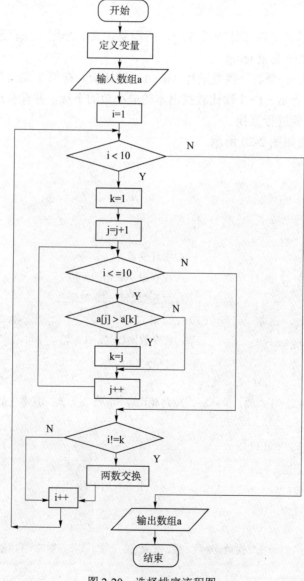

图 2-20 选择排序流程图

任务实现

用户可以根据不同的关键词进行排序。

```c
void SortData(struct STU student[],int m)
{
    int x;                          //用于选择排序方式
    int j;
    system("cls");
    printf("\t\t————————————————————\n");
    printf("\t\t|                              |\n");
    printf("\t\t|      欢迎进入学生信息排序系统      |\n");
    printf("\t\t|                              |\n");
    printf("\t\t————————————————————\n\n");
    printf("\t\t请选择排序方式（1.学号排序 2.姓名排序）: ");
    scanf("%d",&x);                 //输入选择的排序方式
    switch(x)
    {
    case 1 :
        printf("\t\t你选择了学号排序\n");
        printf("\t\t正在排序");
        Sleep(1000);
        printf(".");
        Sleep(1000);
        printf(".");
        Sleep(1000);
        printf(".\n");
        for(i=1;i<m-counter;i++)
            for(j=1;j<m-counter-i;j++)
                if(student[j].num>student[j+1].num)
                {
                    student[0]=student[j];
                    student[j]=student[j+1];
                    student[j+1]=student[0];
                }                    //冒泡排序法
        printf("\t\t排序完成");
        system("pause");
        menu(student,m);
        break;
    case 2 :
```

```
                printf("\t\t 你选择了姓名排序\n");
                printf("\t\t 正在排序");
                Sleep(1000);
                printf(".");
                Sleep(1000);
                printf(".");
                Sleep(1000);
                printf(".\n");
                for(i=1;i<m-counter;i++)
                    for(j=1;j<m-counter-i;j++)
                        if(strcmp(student[j].name,student[j+1].name)>0)
                        {
                            student[0]=student[j];         //与上面同理
                            student[j]=student[j+1];
                            student[j+1]=student[0];
                        }
                printf("\t\t 排序完成");
                system("pause");
                menu(student,m);
            break;
        }
}
```

上机实训

1. 定义一个整型数组包含 10 个元素，对其进行降序排列。
2. 定义 5 个字符串，对其进行升序排列。

习题

选择题：

1. 用冒泡排序对 4，5，6，3，2，1 进行从小到大排序，第三趟排序后的状态为_____。
　　A．4 5 3 2 1 6　　　　　　　　B．4 3 2 1 5 6
　　C．3 2 1 4 5 6　　　　　　　　D．2 1 3 4 5 6
2. 有一组数，顺序是"4，7，8，1，9"，用冒泡排序将这组数从小到大排序，第二趟第二次对比的两个数是_____。
　　A．1 4　　　B．4 7　　　C．1 7　　　D．1 8

任务四 实现学生信息的快速访问

任务描述

学生信息数据量大,需要进行重复性的访问与读取,指针可以用来有效地表示复杂的数据结构,可以用于函数参数传递,并达到更加灵活使用函数的目的,使 C 语言程序的设计具有灵活、实用、高效的特点。可以将上述任务中数组的访问改写为指针,使程序更加灵活。

知识储备

指针是 C 语言中广泛使用的一种数据类型,运用指针编程是 C 语言最主要的风格之一。利用指针变量可以表示各种数据结构,能很方便地使用数组和字符串,并能像汇编语言一样处理内存地址,从而编出精练而高效的程序。

一、指针变量的定义与使用

1. 指针的概念

在计算机中,所有的数据都是存放在存储器中的。一般把存储器中的一个字节称为一个内存单元,不同的数据类型所占用的内存单元数不等,如基本整型占 4 个单元、单精度型占 4 个单元、字符型占 1 个单元等。为了方便地访问这些内存单元,我们为每个内存单元编号,根据内存单元的编号即可准确地找到该内存单元。内存单元的编号也叫做地址。可以说,地址指向该内存单元。根据内存单元的编号或地址就可以找到所需的内存单元,通常把地址形象化地称为指针。

对变量实现访问有两种方式:直接访问和间接访问。访问变量时直接用变量名进行访问是"直接访问"方式。将变量的地址存放在另一个变量中,然后通过该变量来找到变量的地址,从而访问变量是"间接访问"方式。

在 C 语言中,可以定义整型变量、字符变量、浮点型(实型)变量等,也可以定义一种特殊的变量,用它来存放地址,这种变量称为指针变量。因此,一个指针变量的值就是某个内存单元的地址或称为某内存单元的指针。一个变量的地址称为该变量的指针。指针变量就是地址变量,用来存放地址,指针变量的值是地址。

2. 指针变量的定义

对指针变量的定义包括三个内容:
(1)指针类型说明,即定义变量为一个指针变量;
(2)指针变量名;
(3)变量值(指针)所指向的变量的数据类型。
其一般形式为:类型说明符 *变量名;
其中,*表示这是一个指针变量,变量名即为定义的指针变量名,类型说明符表示本指针变量所指向变量的数据类型。

例如：int *p1;

表示 p1 是一个指针变量，它的值是某个整型变量的地址。或者说 p1 指向一个整型变量。至于 p1 究竟指向哪一个整型变量，应由向 p1 赋予的地址来决定。

再如：

```
int *p2;        /*p2 是指向整型变量的指针变量*/
float *p3;      /*p3 是指向浮点型变量的指针变量*/
char *p4;       /*p4 是指向字符型变量的指针变量*/
```

注意

一个指针变量只能指向同类型的变量，如 p3 只能指向浮点型变量，不能时而指向一个浮点变量，时而又指向一个字符变量。

3. 指针变量的初始化

指针变量同普通变量一样，使用之前不仅要定义说明，而且必须赋予具体的值。未经赋值的指针变量不能使用，否则将造成系统混乱，甚至死机。指针变量的赋值只能赋予地址，决不能赋予任何其他数据，否则将引起错误。

与指针有关的两个运算符：

（1）&：取地址运算符。

（2）*：指针运算符（或称"间接访问"运算符）。

C 语言中提供了地址运算符"&"来表示变量的地址。其一般形式为：&变量名

如"&a"表示变量 a 的地址，"&b"表示变量 b 的地址，这里需要注意的是变量本身必须预先说明。

指针变量初始化的一般形式是：

类型说明符　*指针变量名=&变量名;

或者：

类型说明符　*指针变量名;
指针变量名=&变量名;

例如：int a=5,*p;//定义了整型变量 a 和一个指向整型变量的指针变量 p

如要把整型变量 a 的地址赋予 p 可以有以下两种方式：

（1）先定义指针变量，再初始化

```
int a=5,*p;
p=&a;
```

（2）定义指针变量的同时进行初始化

```
int a=5,*p=&a;
```

注意

（1）不允许把一个数赋给指针变量，故下面的赋值是错误的：

```
    int *p;
    p=1000;
```
（2）被赋值的指针变量前不能再加"*"说明符，上例中"p=&a;"写为"*p=&a;"是错误的。

4. 指针变量的引用

引用指针变量所指向的变量基本形式是：*指针变量名（前提是指针变量已经定义）

```
int a=5,*p;              //定义指针变量p
p=&a;                    //初始化指针变量p
printf("%d\n",*p);       //输出指针变量p所指向变量的值5
```

指针变量的与变量的关系如图2-21所示。

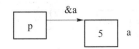

图2-21　指针变量与变量的关系图

由图2-21可以看出，指针变量p的指向就是变量a，由此依据运算符"*"的含义"*p"就是指向变量a，即*p的值就是a。

【例2-47】　通过指针变量访问整型变量

```
#include<stdio.h>
void main()
{
int a=10,b=5, *p1,*p2;                //定义整型变量a，b指针变量p1,p2
p1=&a;p2=&b;                          //初始化指针变量
printf("a=%d,b=%d\n",a,b);            //输出整型变量的值
printf("*p1=%d,*p2=%d\n",*p1,*p2);    //输出指针变量指向的值
a+=2;
b--;
printf("a=%d,b=%d\n",a,b);            //输出整型变量的值
printf("*p1=%d,*p2=%d\n",*p1,*p2);    //输出指针变量指向的值
 (*p1)++;
 *p2+=6;
printf("a=%d,b=%d\n",a,b);            //输出整型变量的值
printf("*p1=%d,*p2=%d\n",*p1,*p2);    //输出指针变量指向的值
 *p1-=2;
 *p2=*p1;
printf("a=%d,b=%d\n",a,b);            //输出整型变量的值
printf("*p1=%d,*p2=%d\n",*p1,*p2);    //输出指针变量指向的值
}
```

程序运行结果是:

```
a=10,b=5
*p1=10,*p2=5
a=12,b=4
*p1=12,*p2=4
a=13,b=10
*p1=13,*p2=10
a=11,b=11
*p1=11,*p2=11
Press any key to continue
```

例题分析:

变量与指针的初始状态如图 2-22 所示。

图 2-22　指针与变量初始状态

由图 2-20 可以得出指针变量 p1 指向 a,即*p1 的值是 a 的值 10;指针变量 p2 指向 b,即*p2 的值是 b 的值 5。

则输出:a 的值和*p1 的值均为 10,b 的值和*p2 的值均为 5。

当执行了"a += 2;b--;"语句后,上述空间的变化如图 2-23 所示。

图 2-23　指针与变量的状态

则输出:a 的值和*p1 的值均为 12,b 的值和*p2 的值均为 4。

当执行了"(*p1)++;*p2 += 6;"语句后,相当于执行了"a++;b += 6;"上述空间的变化如图 2-24 所示。

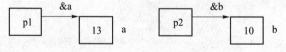

图 2-24　指针与变量的状态

则输出:a 的值和*p1 的值均为 13,b 的值和*p2 的值均为 10。

当执行了"*p1 -= 2;*p2 = *p1;"语句后,相当于执行了"a -= 2;b = a;"上述空间的变化如图 2-25 所示。

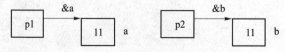

图 2-25　指针与变量的状态

则输出:a 的值和*p1 的值均为 11,b 的值和*p2 的值均为 11。

思考:将题目中的语句"*p2 = *p1;"改成"p2 = p1;"程序输出结果是什么?请读者自

行分析，并解释一下原因。

【例2-48】 利用指针变量，实现两个数的互换。

例题分析：

两个数的互换在 if 语句中讲过，需要定义一个变量作为中间变量来实现数据的交换。

变量的定义：定义 3 个整型变量 a，b，temp。temp 是交换时的中间变量，再定义两个指向整型变量的指针变量 p1，p2，让指针变量 p1 指向变量 a，指针变量 p2 指向变量 b。

具体的实现：经典的三条语句实现数据的交换，但是这里注意是用指针变量来访问整型变量 a 和 b。

代码实现：

```c
#include<stdio.h>
void main()
{
int a,b,temp,*p1,*p2;                    //定义变量
scanf("%d%d",&a,&b);                     //从键盘输入变量的值
printf("交换前的值：a=%d,b=%d\n",a,b);
p1=&a;p2=&b;                             // 初始化指针变量
temp=*p1;
*p1=*p2;
*p2=temp;
printf("交换后的值：a=%d,b=%d\n",a,b);    //输出交换后的值
}
```

程序运行结果是：

```
5 8
交换前的值：a=5,b=8
交换后的值：a=8,b=5
Press any key to continue
```

思考

将上例中的代码改为下面，运行的结果又如何？

```c
#include<stdio.h>
void main()
{
int a,b,*temp,*p1,*p2;          //定义变量
scanf("%d%d",&a,&b);            //从键盘输入变量的值
printf("交换前变量的值：a=%d,b=%d\n",a,b);
p1=&a;p2=&b;                    // 初始化指针变量
temp=p1;
p1=p2;
```

```
p2=temp;
printf("交换后指针的值：*p1=%d,*p2=%d\n", *p1, *p2);        //输出值
printf("交换后变量的值：a=%d,b=%d\n",a,b);
}
```

程序运行结果是：

```
5 8
交换前变量的值：a=5,b=8
交换后指针的值：*p1=8,*p2=5
交换后变量的值：a=5,b=8
Press any key to continue
```

请分析这两种形式的区别在哪里？

【例 2-49】 输入两个数，将其按照从大到小顺序输出。

例题分析：

变量的定义：定义 2 个整型变量 a，b 和 2 个指向整型变量的指针变量*p1，*p2，让指针变量 p1 指向变量 a，指针变量 p2 指向变量 b。

具体的实现：进行条件判断，如果 a<b，则将 p1 的指向与 p2 的指向交换，并输出即可。

代码实现：

```
#include<stdio.h>
void main()
{
int a,b,*p1,*p2;                    //定义变量
scanf("%d%d",&a,&b);                //从键盘输入变量的值
p1=&a;p2=&b;                        // 初始化指针变量
if(a<b)
{
p1=&b;
p2=&a;
}
printf("由大到小输出是：%d, %d\n",*p1,*p2);
}
```

程序运行结果是：

```
5 8
由大到小输出是：8, 5
Press any key to continue
```

> **思考**
>
> 这种做法真正实现 a 和 b 的互换了吗，如果没有，怎样解决？

在上例中最后一条语句后加上一行代码如下：

```
printf("a=%d,b=%d\n",a,b);
```

程序运行结果是：

```
5 8
由大到小输出是：8,5
a=5,b=8
Press any key to continue
```

从结果可以看出，例题中 a 和 b 的值并没有改变，它们仍保持原值，但是 p1 和 p2 所指向的值改变了，即 p1 指向两者的大者，p2 指向两者的小者。所以最后输出时，输出*p1 和*p2，而不是 a 和 b。

> **思考**
>
> 怎样同时使 p1、p2 指向的值与 a、b 的值同时发生变化。

二、指针变量做函数参数

函数的参数不仅可以是整型、实型、字符型等数据，还可以是指针类型。它的作用是将一个变量的地址传送到另一个函数中。

回顾：函数部分学过了函数参数的值传递方式，如例 2-49。

【例 2-50】 普通变量做函数参数

```
#include<stdio.h>
void swap(int a,int b)
{
int temp;
temp=a;
a=b;
b=temp;
printf("形参: a=%d,b=%d\n",a,b);      //输出形参 a 和 b 值
}
void main()
{
int a,b;                              //定义变量
scanf("%d%d",&a,&b);                  //从键盘输入变量的值
swap(a,b);                            //传递参数，传值方式
printf("实参: a=%d,b=%d\n",a,b);      //输出实参 a 和 b 值
}
```

输入 5 和 8 的值后程序运行结果是：

```
5 8
形参：a=8,b=5
实参：a=5,b=8
Press any key to continue
```

由结果看出，swap 函数交换的只是形式参数 a 和 b 的值，而主函数中 a 和 b 的值仍保持原状，这是函数参数传值方式的特点：形参的改变不会引起实参的变化。

现将函数参数改成利用指针变量作函数参数，看看是否能实现形参的交换。

【例 2-51】 指针变量做函数参数

```c
#include<stdio.h>
void swap(int *p1,int *p2)        //形参是指针变量
{
int temp;
temp=*p1;
*p1=*p2;
*p2=temp;
printf("形参：*p1=%d,*p2=%d\n",*p1,*p2);
}
void main()
{
int a,b;                           //定义变量
scanf("%d%d",&a,&b);               //从键盘输入变量的值
swap(&a,&b);                       //参数是地址量
printf("实参：a=%d,b=%d\n",a,b);   //输出交换后的值
}
```

若从键盘上输入 5 和 8，程序运行结果如下：

```
5 8
形参：*p1=8,*p2=5
实参：a=8,b=5
Press any key to continue
```

由结果可以看出，如果函数参数是指针变量，形参的改变会引起实参的变化，这种参数传递方式，我们称之为"址传递"。

请对比函数部分相关题目，理解函数的两种传递数据的方法："值传递"方式和"址传递"方式。"值传递"方式中形参的改变不会引起实参的任何变化，数据传递的方向是从实参传到形参，单向传递；而"址传递"方式中，传递的是地址，所以形参的改变会引起实参的变化。

【例 2-52】 请分析下面程序的结果：

```c
#include<stdio.h>
swap(int *p1,int *p2)
{int *p;
  p=p1;
  p1=p2;
  p2=p;
}
void main()
{
int a,b;
int *pointer_1,*pointer_2;
scanf("%d,%d",&a,&b);
pointer_1=&a;pointer_2=&b;
if(a<b) swap(pointer_1,pointer_2);
printf("\n%d,%d\n",*pointer_1,*pointer_2);
}
```

若分别输入 5，9，程序的运行结果如下：

```
5,9

5,9
Press any key to continue
```

从运行结果发现，将指针变量 pointer_1，pointer_2 的值传递给了形式参数 p1 和 p2 后，swap 函数实现了形参 p1 和 p2 的交换，而并没有实现 pointer_1、pointer_2 值的互换，这是因为该题目中传递的是"值"。C 语言中，实参变量和形参变量之间的数据传递是单向的"值传递"方式，用指针变量作函数参数时同样要遵循这一规则，为此不能企图通过改变指针形参的值而使指针实参的值改变。

三、指针与一维数组

1. 指针指向一维数组

一个变量有一个地址，一个数组包含若干元素，相当于包含若干个下标变量，每个数组元素都在内存中占用存储单元，它们都有相应的地址。指针变量既然可以指向变量，当然也可以指向数组元素。每个数组元素按其类型不同占有几个连续的内存单元,数组是由连续的一块内存单元组成的。数组元素的首地址是指它所占有连续内存单元的首地址。所谓数组的指针是指数组的首地址，数组元素的指针是数组元素的地址。

引用数组元素可以用下标法（如 a[5]），也可以用指针法，即通过指向数组元素的指针找到所需访问的元素。使用指针法可以使目标程序占用的内存少,运行速度快。

定义一个指向数组元素的指针变量的方法,与以前介绍的指针变量相同。数组指针变量说明的一般形式为:

类型说明符　*指针变量名;

其中,类型说明符表示所指向的数组类型。从一般形式可以看出,指向数组的指针变量和指向普通变量的指针变量的说明是相同的。

例如:

```
int a[10]={1,3,5,7,9,11,13,15,17,19};   /*定义a为包含10个整型数据的数组*/
int *p;                                  /*定义指针变量p为指向整型变量的指针*/
```

应当注意,因为数组为 int 型,所以指针变量也应为指向 int 型的指针变量。下面是对指针变量赋值:p = &a[0];

把 a[0]元素的地址赋给指针变量 p。也就是说,p 指向 a 数组的第 0 号元素。C 语言规定,数组名(不包含形参数组名)代表数组的首地址,也就是第 0 号元素的地址。因此,下面两个语句等价:

```
p=&a[0];     //p 的值是 a[0]的地址
p=a;         //p 的值是数组 a 首元素(即 a[0]的地址)
```

> **注意**
> 数组名不代表整个数组,只代表数组首元素的地址。上述"p=a;"的作用是"把 a 数组的首元素的地址赋给指针变量 p",而不是"把数组 a 各个元素的值赋给 p"。

从图 2-26 中我们可以看出有以下关系:p, a, &a[0]均指向同一单元,它们是数组 a 的首地址,也是第 0 号元素 a[0]的首地址。

注意:这里指针变量 p 是变量,其值可以更改,而 a,&a[0]都是常量(数组一旦被定义在程序运行期间其地址是不变的),在编程时应予以注意。

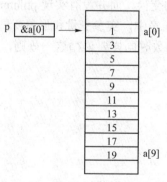

图 2-26　指针指向数组元素

2. 指针引用一维数组元素

数值型数据进行算术运算(加,减,乘,除等)的目的和含义是非常清楚的,指针变量也是变量,而在什么情况下需要用到指针型数据的算术运算呢?其具体的含义是什么?

指针就是地址,对地址进行乘除运算显然是没有意义的,那么能否对指针进行加和减运算呢？答案是：当指针指向同一个数组的时候允许对指针进行加减运算。在指针指向数组元素时，可以对指针进行以下运算：

　　加一个整数（用+或者+=），如 p + 1 或者 p += 1；
　　减一个整数（用-或者-=），如 p - 1 或者 p -= 1；
　　自加运算，如 p ++，++ p；
　　自减运算，如 p --，-- p；
　　两个指针相减，如 p1 - p2（只有 p1 和 p2 都指向同一个数组中的元素才有意义）。
　　引入指针变量后，就可以用下标法和指针法两种方法来访问数组元素了。
　　具体说明如下：

　　(1) 如果指针变量 p 已指向数组中的一个元素，则 p + 1 指向同一数组中的下一个元素，p - 1 指向同一数组的上一个元素。注意：执行 p + 1 时并不是将 p 的值（地址）简单地加 1，而是加上一个数组元素所占用的字节数。例如，数组元素是 int 型，每个元素占 4 个字节，则 p + 1 意味着使 p 的值（地址）加 4 个字节，以使它指向下一个元素。由此我们可以得到一个通式：p + 1 所代表的地址实际上是（p + 1×d），d 是一个数组元素所占的字节数（在 Visual C ++6.0 中，int 型 d = 4；float 型和 long 型 d = 4；double 型 d = 8；short 型 d = 2；char 型 d = 1）。

　　(2) 如果 p 的初值为 &a [0]（或者是 p = a），则 p + i 和 a + i 就是数组元素 a [i]的地址，或者说它们指向 a 数组序号为 i 的元素，如图 2-27 所示。

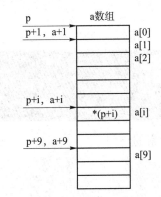

图 2-27　数组与指针

　　(3) 如果 p 的初值为 &a [0]（或者是 p = a），则 * (p + i) 或 * (a + i) 就是 p + i 或 a + i 所指向的数组元素，即 a [i]。例如 * (p + 5) 或 * (a + 5) 就是 a [5]，即 * (p + 5)、* (a + 5) 和 a [5]三者等价。

　　(4) 如果指针变量 p1 和 p2 都指向同一个数组，如执行 p2 - p1，结果是 p2 - p1 的值（两个地址之差）除以数组元素占用的字节数，即得到两者相差的元素个数。两个地址不能相加，没有实际意义。

　　(5) 指向数组的指针变量也可以带下标，如 p [i]与 * (p + i) 等价。
　　根据以上叙述，引用一个数组元素可以用：
　　(1) 下标法，即用 a [i]形式访问数组元素。在前面介绍数组时都是采用这种方法。
　　(2) 指针法，即采用 * (a + i) 或 * (p + i) 形式，用间接访问的方法来访问数组元素，其中 a 是数组名，p 是指向数组的指针变量，其初值 p = a。

【例2-53】 设有一整型数组a,有10个元素,要求输出数组中的全部元素(采用多种方式实现)。

例题分析:将直接访问形式转换成间接访问形式,可以根据指针变量在数组中可以下移的特点来进行访问,也可以根据基础知识中讲解的数组名和变量对数组元素进行访问。

代码实现:

(1)下标法访问数组元素

```
#include<stdio.h>
void main()
{
int a[10];                  //定义数组
int i;                      //定义循环变量实现数组的基本输入和输出
printf("input 10 numbers:");
for(i=0;i<10;i++)           //从键盘输入数组元素的值
scanf("%d",&a[i]);
for(i=0;i<10;i++)           //输出数组元素的值
printf("%d ",a[i]);
printf("\n");
}
```

程序运行结果是:

```
input 10 numbers:1 2 3 4 5 6 7 8 9 10
1 2 3 4 5 6 7 8 9 10
Press any key to continue
```

(2)通过数组名来实现数组元素的访问

```
#include<stdio.h>
void main()
{
int a[10],i;                //定义数组和循环变量
printf("input 10 numbers:");
for(i=0;i<10;i++)           //从键盘输入数组元素的值
scanf("%d",&a[i]);          //使用数组名和循环变量的移动实现元素的访问
for(i=0;i<10;i++)           //输出数组元素的值
printf("%d ",*(a+i));
printf("\n");
}
```

运行结果:与(1)相同。

例题分析:第9行中(a+i)是a数组中序号为i的元素的地址,*(a+i)是该元素的值。第7行中用&a[i]表示元素a[i]的地址,也可以使用(a+i)表示,即语句可以变成:

```
scanf("%d",a+i);              //此时 a+i 前不能添加地址符号
```

（3）利用指针变量指向数组元素

```
#include<stdio.h>
void main()
{
int a[10] ,*p=a;              //定义数组和指向数组的指针变量
int i;                        //定义循环变量实现数组的基本输入和输出
printf("input 10 numbers:");
for(i=0;i<10;i++)             //从键盘输入数组元素的值
scanf("%d",&a[i]);
for(p=a;p<(a+10);p++)         //输出数组元素的值
printf("%d ",*p);             //用指针指向当前的数组元素
printf("\n");
}
```

运行结果：与（1）相同。

例题分析：第 9 行先使指针变量 p 指向 a 数组的首元素（序号为 0 的元素，即 a[0]），在第 10 行输出*p，*p 就是当前指向的元素（即 a[0]）的值。然后执行 p++，使 p 指向下一个元素 a[1]，再输出*p，此时*p 是 a[1]的值。依次类推，直到 p=a+10，循环体结束。

第 7，8 行可以改为使用指针变量表示当前元素的地址：

```
for(p=a;p<(a+10);p++)         //从键盘输入数组元素的值
scanf("%d",p);
```

> **注意**
>
> 在使用指针变量指向数组元素时，可以通过改变指针变量的值指向不同的元素，如上例中第（3）种方法是利用指针变量 p 来指向元素，用 p++使 p 的值不断改变从而指向不同的元素。如若不使用 p 变化，而是用数组名 a 的变化行不行呢？代码实现如下：

```
for(p=a;a<(p+10);a++)         //错误代码
printf("%d ",*a);
```

这样做是不行的。数组名 a 代表数组元素的首地址，它是一个指针型常量，在程序运行过程中其值是固定不变的，即 a++就不可能实现。

【例 2-54】 利用指针变量输出整型数组 a 的 10 个元素。

```
#include<stdio.h>
void main()
{
int a[10] ,*p=a;              //定义数组和指向数组的指针变量
int i;                        //定义循环变量实现数组的基本输入和输出
```

```
printf("input 10 numbers:");
for(i=0;i<10;i++)                //从键盘输入数组元素的值
scanf("%d",p++);
for(i=0;i<10;i++,p++)            //输出数组元素的值
printf("%d ",*p);                //用指针指向当前的数组元素
printf("\n");
}
```

程序运行结果是:

```
input 10 numbers:1 2 3 4 5 6 7 8 9 10
1245064 4199129 1 5902200 5902272 0 0 2147348480 0 0
Press any key to continue
```

在不同的环境中运行时显示的数据可能与上面的有所不同。

例题分析：输出的数值并不是 a 数组中各元素的值。为什么会出现这样的情况呢？

指针变量 p 的初始值为 a 数组首元素（即 a[0]）的地址，经过第 1 个 for 循环读入数据后，指针变量 p 已指向 a 数组的末尾，因此在执行第 2 个 for 循环时，p 的初始值不是&a[0]了，而是 a+10。在执行第 2 个 for 循环时，每次要执行 p++，因此 p 的指向是 a 数组下面的 10 个存储单元(图 2-28 所示)，这些存储单元中的值是不可预料的。

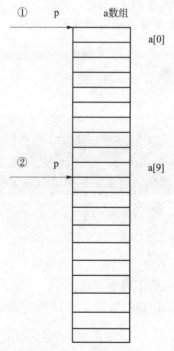

图 2-28　指针越界情况

那问题如何解决呢？很明显在执行第 2 个 for 循环之前重新使指针变量 p 指向数组的首地址，加上如下语句：

p = a；或者 p = &a[0]；

使指针变量 p 的初始值重新指向&a[0]，这样结果就不会出现意想不到的值。将上面的程序改为：

```c
#include<stdio.h>
void main()
{
int a[10] ,*p=a;            //定义数组和指向数组的指针变量
int i;                      //定义循环变量实现数组的基本输入和输出
printf("input 10 numbers:");
for(i=0;i<10;i++)           //从键盘输入数组元素的值
scanf("%d",p++);
p=a;                        //重新使p指向a[0]
for(i=0;i<10;i++,p++)       //输出数组元素的值
printf("%d ",*p);           //用指针指向当前的数组元素
printf("\n");
}
```

程序运行结果是：

```
input 10 numbers:1 2 3 4 5 6 7 8 9 10
1 2 3 4 5 6 7 8 9 10
Press any key to continue
```

【例 2-55】 利用指针变量实现一维数组的升序排列。

例题分析：对一维数组的排序在数组部分已经讲过，这里只需要将原来直接访问数组元素的方法变成间接访问即可。

代码实现：

```c
#include<stdio.h>
void main()
{
int a[10],i,j,t;            //定义数组、循环变量和交换的中间变量
int *p=a;                   //定义指针变量并使其指向数组首地址
for(i=0;i<10;i++)           //从键盘输入数组元素的值
scanf("%d",p+i);
printf("\n");
for(j=0;j<9;j++)            //实现 9 趟比较
 for(i=0;i<9-j;i++)         //在每一趟比较中进行 9-j 次比较
  if(*(p+i)>*(p+i+1))       //相邻的两个数进行比较
  {
   //交换数据
   t=*(p+i);
```

```
            *(p+i)=*(p+i+1);
            *(p+i+1)=t;
        }
    for(i=0;i<10;i++)              //输出排序后数组元素的值
    printf("%d ",*(p+i));
    printf("\n");
}
```

程序运行结果是：

```
45 6 7 34 78 89 9 90 56 54
6 7 9 34 45 54 56 78 89 90
Press any key to continue
```

3. 指向数组元素指针变量的运算

有以下定义：int a[10] = {1, 2, 3, 4, 5, 6, 7, 8, 9, 10}, *p = a; 分析以下表达式的值是多少？

（1）p ++; *p;

p ++ 使 p 指向下一个元素 a[1]，然后再执行*p，则得到下一个元素 a[1]的值。

（2）*p ++;

由于++运算符和*运算符属于同一优先级，结合方向为自右向左（右结合性），因此它等价于*（p++），先引用 p 的值，实现*p 的运算然后再使 p 自增 1。

例 2.53 的第 2 个程序中最后一个 for 语句

```
for(i=0;i<10;i++,p++)              //输出数组元素的值
printf("%d ",*p);                  //用指针指向当前的数组元素
```

可以改写为

```
for(i=0;i<10;i++)
printf("%d ",*p++);
```

作用完全一样。它们的作用都是先输出*p 的值，然后使 p 值加 1，下一次循环时*p 就是下一个元素的值。

（3）*（p ++）与*（++ p）的作用是否相同呢？很显然不相同，前者是先取*p 值，然后使 p 加 1；后者是先使 p 加 1，再取*p 的值。若 p 的初始值为 a，*（p ++）输出的值是 a[0]；而输出*（++ p）的值是 a[1]的值。

（4）++（*p），表示 p 所指向的元素值加 1，如果 p = a，则++（*p）相当于++ a[0]，则执行该语句后 a[0]的值从原来的 1 变成 2。注意：是元素 a[0]的值加 1，而不是指针 p 的值加 1，指针 p 的指向仍然是 a[0]。

（5）如果指针变量 p 当前指向数组中的第 i 个元素 a[i]，则有如下等式：

（p--）相当于 a[i--]，先对 p 进行""运算（即求 p 所指向的元素的值），再使 p

自减。

（++p）相当于 a[++i]，先使 p 自加，再进行""运算。

（--p）相当于 a[--i]，先使 p 自减，再进行""运算。

将++和--运算符用于指针变量十分有效，可以使指针变量自动向前或者向后移动，指向下一个或上一个数组元素。

关键点总结：

（1）在运用指针变量访问数组元素时，一定要注意指针变量的当前值，切记不能越界。

（2）若有定义：int a[10]; 数组名 a 代表的是数组的首地址，在程序运行期间其值是常量，是不可更改的，因此在运用数组名时不能出现 a++，在自加和自减运算中必须是变量才能进行。

四、指针与二维数组

1. 指针指向二维数组

设有一个二维数组，它有 3 行 4 列，它的定义为：

```
int a[3][4]={{1,3,5,7},{9,11,13,15},{17,19,21,23}};
```

设数组 a 的首地址是 1000，在 Visual C++6.0 环境下，每个整型变量占用 4 个字节，各下标变量的首地址及其值如图 2-29 所示。

1000	1004	1008	1012
1	3	5	7
1016	1020	1024	1028
9	11	13	15
1032	1036	1040	1044
17	19	21	23

图 2-29　二维数组与地址

C 语言把一个二维数组分解为多个一维数组来处理，a 数组包含 3 个行元素：a[0]，a[1]，a[2]。而每一个行元素又是一个一维数组，它包含有 4 个元素（即 4 个列元素）。例如，a[0]所代表的一维数组又包含 4 个元素：a[0][0]，a[0][1]，a[0][2]，a[0][3]，如图 2-30 所示。

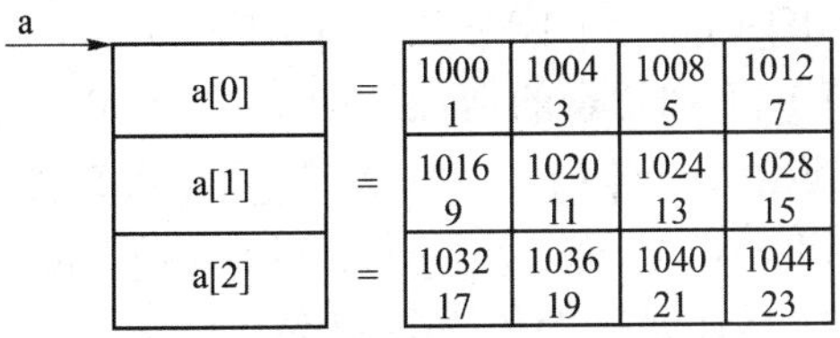

a						
	a[0]	=	1000 1	1004 3	1008 5	1012 7
	a[1]	=	1016 9	1020 11	1024 13	1028 15
	a[2]	=	1032 17	1036 19	1040 21	1044 23

图 2-30　二维数组分解

可以认为二维数组是"数组的数组"，即二维数组 a 是由 3 个一维数组所组成的，且一维数组含有 4 个元素。从二维数组的角度来看，a 是数组名，a 代表整个二维数组的首地址，也是二维数组第 0 行的首地址等于 1000，a+1 代表第一行的首地址等于 1016，a+2 代表第二行的首地址等于 1032，如图 2-31 所示。

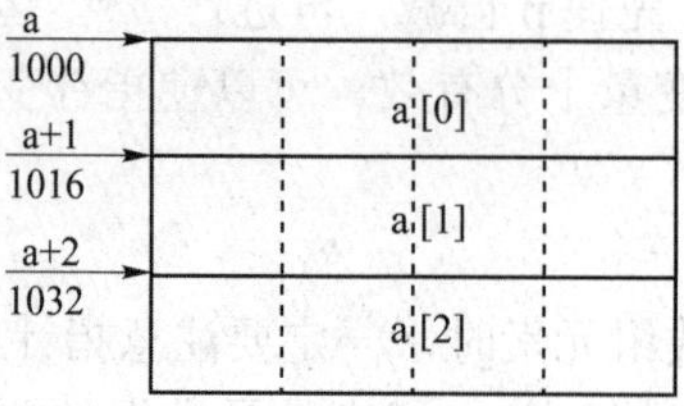

图 2-31　二维数组的行

　　a 是二维数组第 0 行的首地址，a[0]是第一个一维数组的数组名和首地址，因此也为 1000。*（a+0）或*a 是与 a[0]等效的（一维数组的结论），它表示一维数组 a[0]的 0 号元素的首地址也为 1000。&a[0][0]是二维数组 a 的 0 行 0 列元素首地址同样是 1000。因此 a，a[0]，*（a+0），*a，&a[0][0]是相等的。

　　同理，a+1 是二维数组 1 行的首地址等于 1016。a[1]是第二个一维数组的数组名和首地址也为 1016。&a[1][0]是二维数组 a 的 1 行 0 列元素地址也是 1016。因此 a+1，a[1]，*（a+1），&a[1][0]是等同的。

　　由此可得出：a+i，a[i]，*（a+i），&a[i][0]是等同的。

　　此外，&a[i]和 a[i]也是等同的。因为在二维数组中不能把&a[i]理解为元素 a[i]的地址，不存在元素 a[i]。C 语言规定它是一种地址计算方法，表示数组 a 第 i 行首地址。由此可以得出：a[i]，&a[i]，&a[i][0]，*（a+i）和 a+i 也都是等同的。

　　欲得到 a[0][1]的值，用地址法怎么表示呢？a[0]是一维数组名，该一维数组中序号为 1 的元素的地址显然应该用 a[0]+1 来表示，a[0]的地址是 1000，a[0]+1 的地址是 1004，a[0]+2 的地址是 1008，可以得到：a[0]+0，a[0]+1，a[0]+2，a[0]+3 分别是 a[0][0]，a[0][1]，a[0][2]，a[0][3]元素的地址（即&a[0][0]，&a[0][1]，&a[0][2]，&a[0][3]），如图 2-32 所示。

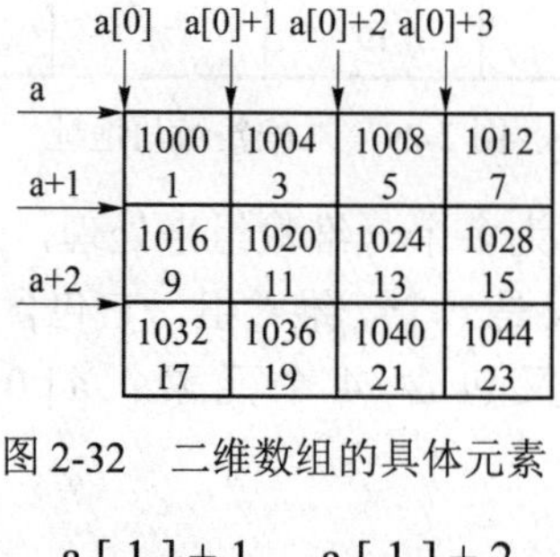

图 2-32　二维数组的具体元素

　　同理可以得出：a[1]+0，a[1]+1，a[1]+2，a[1]+3 分别是 a[1][0]，a[1][1]，a[1][2]，a[1][3]元素的地址（即&a[1][0]，&a[1][1]，&a[1][2]，&a[1][3]）……可以得到结论：a[i]+j 是 a[i][j]元素的地址（即&a[i][j]），而 a[i]等价于*（a+i），所以 a[i]+j，*（a+i）+j 与&a[i][j]等价。

　　那如何得到二维数组中具体元素的值呢？a[i]+j 表示的是元素 a[i][j]的地址（即&a[i][j]），则只需要对其进行指针运算即可，则*（a[i]+j）代表的是元素 a[i][j]的值。a[i]等价于*（a+i），则二维数组中具体元素的访问就可以使用以下方式：a[i][j]、*（a[i]+j）、*（*（a+i）+j）。

2. 二维数组的行指针和列指针

在二维数组中，行指针和列指针是不同的概念，行指针：指的是一整行，不指向具体元素。列指针：指的是一行中某个具体元素。我们可以举一个日常生活中的例子来说明。在军训中，一个排分为3个班，每个班站成一行，3个班为3行，假设每个班有10个人，相当于一个二维数组有3行10列。为方便比较，班和战士的序号均从0开始。思考：班长点名和排长点名有什么不同。班长从第0个战士开始点名，班长每走一步，走过一个战士。而排长点名则是以班为单位，排长先站在第0班的起始位置，检查该班是否到齐，然后走到第1班的起始位置，检查该班是否到齐。班长移动的方向是横向的，而排长移动的方向是纵向的。排长看来只走了一步，但实际上它跳过了10个战士。这相当于从a移动到a+1，班长"指向"的是战士，排长"指向"的是班长，班长相当于是列指针，排长相当于是行指针，如图2-33所示。

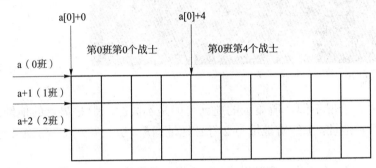

图2-33 二维数组的行与列

为了找到某一班内某一个战士必须给两个参数，即第i班第j个战士，先找到第i班，然后由该班班长在本班范围内找第j个战士，这个战士的位置就是a[i]+j（这是一个地址），开始时排长和班长的初始位置是相同的，但是性质不同。

二维数组a相当于排长，而每一行（即一维数组a[0]，a[1]，a[2]）相当于班长，每一行中的元素相当于战士（a[i][j]）。

二维数组中a、a+1、a+2是行指针，而a[0]（等价形式*(a+0)），a[1]（等价形式*(a+1)），a[2]（等价形式*(a+2)），a[i]+j（等价形式*(a+i)+j）均指向具体元素，称之为列指针。

【例2-56】 输出二维数组的有关数据（地址和值）。

```
#include<stdio.h>
void main()
{
int a[3][4]={1,2,3,4,5,6,7,8,9,10,11,12};
printf("%d,%d\n",a,*a);                    //0行首地址和0行0列元素地址
printf("%d,%d\n",a[0],*(a+0));             //0行0列元素地址
printf("%d,%d\n",&a[0],&a[0][0]);          //0行首地址和0行0列元素地址
printf("%d,%d\n",a[1],a+1);                //1行0列元素地址和1行首地址
printf("%d,%d\n",&a[1][0],*(a+1)+0);       // 1行0列元素地址
printf("%d,%d\n",a[2],*(a+2));             // 2行0列元素地址
```

```
printf("%d,%d\n",&a[2],a+2);              // 2 行首地址
printf("%d,%d\n",a[1][0],*(*(a+1)+0));    // 1 行 0 列元素的值
printf("%d,%d\n", *a[2],*(*(a+2)+0));     // 2 行 0 列元素的值
}
```

程序运行结果是：

```
1244952,1244952
1244952,1244952
1244952,1244952
1244968,1244968
1244968,1244968
1244984,1244984
1244984,1244984
5,5
9,9
Press any key to continue
```

例题分析：

由于分配内存情况不同，所显示的地址可能是不同的，但是显示的地址是有规律的，0 行首地址与 1 行首地址，1 行首地址与 2 行首地址相差 16 个字节（一行有 4 个元素，每个元素 4 个字节）。

【例 2-57】 有一个 3 行 4 列数组，要求用指向元素的指针变量输出二维数组各元素的值。

例题分析： 二维数组的元素是整型的，它相当于整型变量，可以用一个 int *型的指针变量指向它。二维数组的元素在内存中是按行存放的，即存放完序号为 0 行中的全部元素后，接着存放序号为 1 行的全部元素，依此类推。

代码实现：

```
#include<stdio.h>
void main()
{
int a[3][4]={1,2,3,4,5,6,7,8,9,10,11,12};
int *p;                              //p 是 int*型指针变量
for(p=a[0];p<a[0]+12;p++)            //使 p 依次指向下一元素
  printf("%4d",*p);                  //以最小 4 个宽度输出 p 指向的元素的值
printf("\n");
}
```

程序运行结果是：

```
   1   2   3   4   5   6   7   8   9  10  11  12
Press any key to continue
```

例题分析：p 是一个 int *型（指向整型数据）的指针变量，它可以指向一般的整型变量，也可以指向整型的数组元素，每次使 p 值加 1，使 p 指向下一个元素。

本例中是依次输出数组中的各个元素的值，如果要输出某个指定的数组元素（如 a[2][3]），则应事先计算该元素在数组中的相对位置，计算 a[i][j] 在数组中的相对位置的计算公式是：

i*m + j（其中 m 为二维数组的列数）

如上例，若输出 a[2][3] 的值，需将第 6 行代码去掉，第 7 行改写为：

```
printf("%4d",*(p+2*4+3));        //等价于 printf("%4d",*(p+11));
```

3. 指向由 m 个元素组成的一维数组的指针变量（数组指针）

上例的指针变量 p 是用 "int *p;" 是定义的，它是列指针（指向具体元素的），p+1 所指向的元素是 p 所指向列元素的下一个元素。可以改用另一种方法使 p 不是指向整型变量，而是指向一个包含 m 个元素的一维数组，即定义数组指针，其定义形式如下：

类型说明符（*指针变量名）[长度]

其中，"类型说明符" 为所指向数组的数据类型。"*" 表示其后的变量是指针类型。"长度" 表示二维数组分解为多个一维数组时，一维数组的长度，也就是二维数组的列数，应注意 "(*指针变量名)" 两边的括号不可少（*运算符的优先级别要低于[]，如果不加括号，则指针变量名先和[]结合，那定义的将会是数组而不是指针），同时在初始化时数组指针的值只能是行指针。

例如：int a[3][4]，(*p)[4]；p = a;

则 p + 1 不是指向 a[0][1]，而是指向了一维数组 a[1]，p 的增值以一维数组的长度为单位。

【例 2-58】 输出二维数组任一行任一列元素的值。

代码实现：

```
#include<stdio.h>
void main()
{
int a[3][4]={1,2,3,4,5,6,7,8,9,10,11,12},i,j;
int (*p)[4];                //指针变量p指向包含4个整型元素的一维数组
p=a;                        //p指向数组的第0行
printf("please enter row and colum:");
scanf("%d,%d",&i,&j);       //注意输入的数据不能超出下标的范围
printf("a[%d][%d]=%d\n",i,j,*(*(p+i))+j);
}
```

程序运行结果是：

```
please enter row and colum:1,2
a[1][2]=7
Press any key to continue
```

五、指针与字符串

1. 字符串处理方法

在 C 语言中，可以用两种方法来访问一个字符串。

（1）用字符数组存放一个字符串，可以通过数组名和下标引用字符串中一个字符，也可以通过数组名和格式声明"%s"输出该字符串。

【例 2-59】 定义一个字符数组 str，在其中存放字符串"I love China!"，输出该字符串和第 8 个字符。

例题分析：定义字符数组，并对它进行初始化，由于在初始化时字符的个数是确定的，因此可以不用指定数组的长度。用数组名 str 和输出格式%s 可以输出整个字符串，用数组名和下标可以引用任一数组元素，但注意引用数组元素时下标从 0 开始。

代码实现：

```c
#include<stdio.h>
void main()
{
char string[]="I love China!";        //定义字符数组 str
printf("%s\n",string);                //用%s 格式声明输出 str，可以输出整个字符串
printf("%c\n",string[7]);             //用%c 格式输出一个字符数组元素
}
```

程序运行结果是：

```
I love China!
C
Press any key to continue
```

例题分析：在定义数组 string 时未指定其长度，由于对它进行了初始化，因此它的长度是确定的，长度应为 14，其中 13 个字节存放"I love China!"13 个字符，最后一个字节存放字符串结束符'\0'。数组名 string 代表字符数组首元素的地址（见图 2-34），题目要求输出该字符串第 8 个字符，由于数组元素的序号从 0 开始，所以应当输出 string[7]，它代表数组中序号为 7 的元素（它的值是 C）。在数组中 a[i]等价于*（a+i），实际上 string[7]就是*（string+7），（string+7）是一个地址，它指向字符"C"。

（2）用字符指针变量指向一个字符串常量，通过字符指针变量引用字符串常量。

在 C 语言中字符串是以字符数组形式在内存中进行存储，例如：char *p = "I Love China"；语句含义是指针变量 p 指向字符串"I Love China"所在数组的首地址。

【例 2-60】 通过字符指针变量输出一个字符串。

例题分析：可以不用定义字符数组，只定义一个字符指针变量，用它指向字符串常量中的字符，通过字符指针变量输出该字符串。

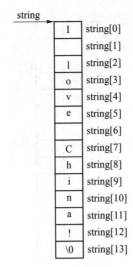

图 2-34 字符数组

代码实现：

```
#include<stdio.h>
void main()
{
char *string="I love China!";        //定义字符指针变量string并初始化
printf("%s\n",string);               //输出字符串
}
```

程序运行结果是：

```
I love China!
Press any key to continue
```

例题分析：在程序中没有定义字符数组，只定义了一个 char *型变量（字符指针变量）string，用字符串"I love China!"对它进行初始化。C语言对字符串常量是按照字符数组处理的（见图 2-35），即在内存中以其字符数组的形式存放，但是该字符数组没有数组名，只能通过指针变量来引用。

"char *string = "I love China!";"并不是把"I love China!"字符串存放到 string 中（指针变量只能存放地址），而是将"I love China!"的第一个字符的地址即内存中字符数组的首地址赋给指针变量 string。

字符串指针变量的定义说明与指向字符变量的指针变量说明是相同的，只能按对指针变量的赋值不同来区别。对指向字符变量的指针变量应赋予该字符变量的地址，而指向字符串的指针变量应赋予所指向字符串的首地址。

如：char c，*p = &c；表示 p 是一个指向字符变量 c 的指针变量。

而：char *s = "I love China!"；则表示 s 是一个指向字符串的指针变量，把字符串的首地址赋予 s。

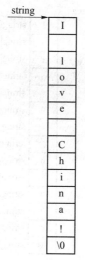

图 2-35　指针引用字符串

上例中，首先定义 string 是一个字符指针变量，然后把字符串的首地址赋予 string (应写出整个字符串，以便编译系统把该串装入连续的一块内存单元)，并把首地址送入 string。程序中的：

```
char *string ="I love China!";
```

等效于：

```
char *string;
string=" I love China!";
```

2. 实例题目

【例 2-61】　输出字符串中 n 个字符后的所有字符。

```
#include<stdio.h>
void main()
{
char *p="this is a book";        //定义 char *型指针变量，并初始化
int n=10;                         //设置移动数值
p=p+n;                            //将指针变量向后移动 10 个位置
printf("%s\n",p);                 //输出移动后的值
}
```

程序运行结果是：

```
book
Press any key to continue
```

程序分析：在程序中对 p 初始化时，即把字符串首地址赋予指针变量 p，当 p＝p＋10 之

后，指针变量 p 指向字符 "b"，因此输出为 "book"。

字符数组中运用数组来表示字符串，同时课堂上也讲解了如何计算字符串的长度和实现字符串的复制，本次课的主要目的是运用指针变量来实现字符串的访问，实际上就是将原来定义字符数组的地方换成定义指向字符型数据的指针变量。

【例 2-62】 运用指针变量实现字符串的长度测试。
代码实现：

```
#include<stdio.h>
void main()
{
char *p="I love China!";        //定义指针变量并初始化
int i=0;                         //定义长度变量，并赋初值
while(*(p+i)!='\0')
    i++;
printf("字符串的长度是：%d\n",i);
}
```

程序的运行结果是：

```
字符串的长度是：13
Press any key to continue
```

字符串在计算长度时，"\0"字符串结束标志不计算在内。

【例 2-63】 运用指针变量实现字符串的复制。
代码实现：

```
#include<stdio.h>
void main()
{
char a[]="I love China!",b[20];  //定义字符数组
int i=0;                          //定义长度变量，并赋初值
while(*(a+i)!='\0')               //复制
{
  *(b+i)=*(a+i);
  i++;
}
*(b+i)='\0';                      //在 b 数组的有效字符后加上'\0'
puts(a);                          //输出字符数组 a
puts(b);                          //输出字符数组 b
}
```

程序运行结果是：

```
I love China!
I love China!
Press any key to continue
```

3. 数组与指针处理字符串区别

用字符数组和字符指针变量都可实现字符串的存储和运算，但是两者是有区别的，在使用时应注意以下几个问题：

（1）字符数组由若干个元素组成，每个元素中放一个字符，而字符指针变量中存放的是地址（字符串中第一个字符的地址），不是将字符串放到字符指针变量中。

（2）赋值方式。可以对字符指针变量赋值，但是不能对数组名赋值。

对字符指针变量可以采用下面赋值方式：

```
char *ps="C Language";
```

等价于：

```
char *ps;
ps="C Language";
```

而对数组方式：

```
char st[]="C Language";
```

却不能写为：

```
char st[20];
st="C Language";
```

由于数组名 st 为常量，不能出现在赋值运算符的左侧，因而只能对字符数组的各元素逐个赋值。

（3）存储单元的内容，编译时为字符数组分配若干个存储单元，以存放各元素的值，而对字符指针变量，只分配其自身的存储单元。

（4）指针变量的值是可以改变的，而数组名代表一个固定的值（数组首元素的地址），不能改变。

【例 2-64】 改变指针变量的值

```
#include<stdio.h>
void main()
{
    char *a="I love China!";        //定义 char *型指针变量，并初始化
    a=a+7;                           //改变指针变量的位置
    printf("%s\n",a);                //输出从 a 指向的字符开始的字符串
}
```

程序运行结果是:

```
China!
Press any key to continue
```

例题分析:指针变量 a 的值是可以改变的,printf 函数输出字符串时,从指针变量 a 当所指向的元素开始,逐个输出各个字符,直到遇"\0"为止。而数组名代表数组首地址,它是常量,它的值是不能改变的。下面是错的:

```c
char a[]="I love China!";
a=a+7;                    //错误,数组名是常量,在程序运行期间不能改变
printf("%s\n",a);
```

(5) 引用数组元素。

如有以下定义:

```c
char a[]="Hello";
char *p="Hello";
```

对字符数组 a 可以用下标法(数组名[下标])引用一个数组元素(如 a[2]),也可以使用地址法*(数组名+下标)(如*(a+2))引用数组元素 a[2]。字符指针变量 p 引用字符串中的字符可以使用下标法 p[2],也可以使用地址法*(p+2)引用。

(6) 字符数组中各元素的值是可以改变的,但是字符指针变量指向的字符串常量的内容是不可改变的。如:

```c
char a[]="Hello";       //字符数组 a 初始化
char *b="Hello";        //指针变量 b 初始化
a[1]='t';               //合法,t 取代 a 数组元素 a[1]的原值 e
b[1]='t';               //不合法,字符串常量不能改变
```

任务实现

利用指针变量做函数参数进行数据传递。

```c
#include<stdio.h>
#include<string.h>      //用到了此头文件里面的 strcmp(a,b);(比较两个字符串)函数 strcpy(a,b);
#include<stdlib.h>      //用到了此头文件里面的 exit(0);
#include<windows.h>     //用到了此头文件里面的 Sleep(n)(程序会停 n 毫秒)函数
#define N 3             //预处理下面的代码中 N 就是 3
struct STU
{
```

```c
    int num;                                        //学号
    char name[20];
    int age;
    char sex;
};
int i;                                              //用于下面所有for循环变量
int counter=0;                                      //计数器（用于记录删除了几个）
void menu(struct STU *s,int m);                     //主菜单函数
void InputData(struct STU *s,int m);                //输入学生信息函数
void InquiryData(struct STU *s,int m);              //查询学生信息函数
void DeleteData(struct STU *s,int m);               //删除学生信息函数
void SortData(struct STU *s,int m);                 //排序函数
void ChangeData(struct STU *s,int m);               //修改函数
void SaveData(struct STU *s,int m);                 //保存函数
void OutputData(struct STU *s,int m);               //输出函数
int main()                                          //void 是没有返回值的意思
{
    struct STU student[N];
    menu(student,N);                                //调用主菜单函数
}
void menu(struct STU *s,int m)
{
    int x;                                          //用于输入选项
    system("cls");                                  //清屏
    printf("\t\t————————————————————\n");
    printf("\t\t|                              |\n");
    printf("\t\t|      欢迎使用学籍管理系统    |\n");
    printf("\t\t|                              |\n");
    printf("\t\t————————————————————\n\n");
    printf("\t\t1.输入学生基本信息\n");
    printf("\t\t2.查询学生信息（1.学号查询 2.姓名查询）\n");
    printf("\t\t3.删除学生信息（1.学号删除 2.姓名删除）\n");
    printf("\t\t4.学生信息排序（1.学号排序 2.姓名排序）\n");
    printf("\t\t5.修改学生基本信息\n");
    printf("\t\t6.保存学生基本信息\n");
    printf("\t\t7.输出所有学生信息\n");
    printf("\t\t8.退出程序\n\n");
    printf("\t\t 请输入选项：");
    while(1)                                        //这个为了选择错了重新输入
    {
```

```c
        scanf("%d",&x);                                    //输入选项
        switch(x)
        {
        case 1 :
            InputData(s,m);
            break;
        case 2 :
            InquiryData(s,m);
            break;
        case 3 :
            DeleteData(s,m);
            break;
        case 4 :
            SortData(s,m);
            break;
        case 5 :
            ChangeData(s,m);
            break;
        case 6 :
            SaveData(s,m);
            break;
        case 7 :
            OutputData(s,m);
            break;
        case 8 :
            exit(0);                                       //退出函数
            break;
        default :
            printf("\t\t选项有误请重新输入：");
        }
    }
}
void InputData(struct STU *s,int m)
{
    system("cls");
    printf("\t\t————————————————————\n");
    printf("\t\t|                              |\n");
    printf("\t\t|    欢迎进入学生信息录入系统    |\n");
    printf("\t\t|                              |\n");
    printf("\t\t————————————————————\n\n");
```

```c
        printf("\t\t 请输入学生信息：学号  名字  年龄  性别（性别：男：M，女：W）\n");
        for(i=1;i<m;i++)
        {
            printf("\t\t\t\t");
            scanf("%d%s%d %c",&(s+i)->num,(s+i)->name,&(s+i)->age,&(s+i)->sex);
        }
        printf("\t\t 录入完成返回主界面");
        Sleep(2000);              //停2秒（()里的2000是两千毫秒）然后返回主界面函数
        menu(s,m);
}
void InquiryData(struct STU *s,int m)
{
    int x;                            //用于选择查询方式
    int n=1;                          //用于标记是否正确选择
    int num;                          //学号
    char name[20];
    system("cls");
    printf("\t\t─────────────────────\n");
    printf("\t\t|                           |\n");
    printf("\t\t|      欢迎进入学生信息查询系统      |\n");
    printf("\t\t|                           |\n");
    printf("\t\t─────────────────────\n\n");
    printf("\t\t 请选择查询方式（1.学号查询 2.姓名查询）: ");
    while(n)                   //如果正确选择将不会循环。因为选择正确，n 会被赋值 0
    {
        scanf("%d",&x);                       //输入选择的查询方式
        switch(x)
        {
        case 1 :
            printf("\t\t 你选择了学号查询\n");
            printf("\t\t 请输入学号：");
            scanf("%d",&num);                 //输入学号
            for(i=1;i<m-counter;i++)          //N-counter(总数-删除的人数)
                if(num==(s+i)->num)
                {
                    printf("\t\t 你要查询的学生信息为：学号：%d 姓名：%s 年龄：%d 性别：%c\n",(s+i)->num,(s+i)->name,(s+i)->age,(s+i)->sex);
                    break;
                }
            if(i==m-counter)
```

```
                    printf("\t\t 查无此人! \n");
                n=0;
                break;
        case 2 :
            printf("\t\t 你选择了姓名查询\n");
            printf("\t\t 请输入姓名: ");
            getchar();//接收回车
   gets(name);                                              //输入姓名
            for(i=1;i<m-counter;i++)
            {
                if(strcmp(name,(s+i)->name)==0)
                {
                    printf("\t\t 你要查询的学生信息为: 学号: %d 姓名: %s 年龄: %d 性别: %c\n",(s+i)->num,(s+i)->name,(s+i)->age,(s+i)->sex);
                    break;
                }
            }
            if(i==m-counter)
                printf("\t\t 查无此人! \n");
            n=0;
            break;
        default :
            printf("\t\t 选择错误,请重新输入你要选择的查询方式: ");
        }
    }
    printf("\t\t 查询完成");
    system("pause");
    menu(s,m);
}
void DeleteData(struct STU *s,int m)
{
    int x;                                  //用于选择删除方式
    int n=1;                                //用于标记是否正确选择
    int num;                                //学号
    int j;                                  //for循环变量
    int yes;                                //用于确认是否删除
    int no;                                 //用于确认是否继续删除其他学生
    char name[20];
    system("cls");
    printf("\t\t——————————————————————\n");
```

```c
        printf("\t\t|                                          |\n");
        printf("\t\t|           欢迎进入学生信息删除系统       |\n");
        printf("\t\t|                                          |\n");
        printf("\t\t——————————————————————————————\n\n");
        printf("\t\t请选择删除方式（1.学号删除 2.姓名删除）：");
        while(n)                     //如果正确选择将不会循环。因为选择正确，n会被赋值0
        {
            scanf("%d",&x);                              //输入选择的删除方式
            switch(x)
            {
            case 1 :
                n=0;
                printf("\t\t你选择了学号删除\n");
                printf("\t\t请输入你要删除的学生的学号：");
                scanf("%d",&num);
                for(i=1;i<m-counter;i++)
                    if(num==(s+i)->num)
                        break;        //如果找到学号相同的就跳出for循环
                if(i==m-counter)   //但也有可能上面的for循环循环完才结束。所以要判断一下
                {
                    printf("\t\t没有这位同学，请确认后输入\n");
                    break;                              //退出switch(x)语句
                }
                printf("\t\t你要删除的学生为：");
                puts((s+i)->name);
                for(j=i;j<m-1-counter;j++)
                    *(s+j)=*(s+j+1);
                counter++;                    //删除一个计数器加1 说明删除了1个
                break;
            case 2 :
                n=0;
                printf("\t\t你选择了姓名删除\n");
                printf("\t\t请输入你要删除的学生的名字：");
                getchar();        //和查询函数中case 2 :的第三行的getchar();同理
                gets(name);
                for(i=1;i<m-counter;i++)
                    if(strcmp(name,(s+i)->name)==0)
                        break;
                if(i==m-counter)
                {
```

```c
                printf("\t\t没有这位同学，请确认后输入\n");
                break;
            }
            for(j=i;j<m-1-counter;j++)
                *(s+j)=*(s+j+1);
            counter++;
        break;
    default:
        printf("\t\t选择错误，请重新输入你要选择的删除方式：");
        }
    }
    printf("\t\t删除完成返回主界面");
    Sleep(2000);
    menu(s,m);
}
void SortData(struct STU *s,int m)
{
    int x;                                          //用于选择排序方式
    int j;
    system("cls");
    printf("\t\t————————————————————\n");
    printf("\t\t|                                  |\n");
    printf("\t\t|       欢迎进入学生信息排序系统      |\n");
    printf("\t\t|                                  |\n");
    printf("\t\t————————————————————\n\n");
    printf("\t\t请选择排序方式（1.学号排序 2.姓名排序）：");
    scanf("%d",&x);                                 //输入选择的排序方式
    switch(x)
    {
    case 1:
        printf("\t\t你选择了学号排序\n");
        printf("\t\t正在排序");
        Sleep(1000);
        printf(".");
        Sleep(1000);
        printf(".");
        Sleep(1000);
        printf(".\n");
        for(i=1;i<m-counter;i++)
            for(j=1;j<m-counter-i;j++)
```

```c
            if((s+j)->num>(s+j+1)->num)
            {
                *s=*(s+j);
                *(s+j)=*(s+j+1);
                *(s+j+1)=*s;
            }                                           //冒泡排序法
        printf("\t\t排序完成");
        system("pause");
        menu(s,m);
        break;
    case 2 :
        printf("\t\t你选择了姓名排序\n");
        printf("\t\t正在排序");
        Sleep(1000);
        printf(".");
        Sleep(1000);
        printf(".");
        Sleep(1000);
        printf(".\n");
        for(i=1;i<m-counter;i++)
            for(j=1;j<m-counter-i;j++)
                if(strcmp((s+i)->name,(s+j+1)->name)>0)
                {
                    *s=*(s+j);
                    *(s+j)=*(s+j+1);
                    *(s+j+1)=*s;
                }
        printf("\t\t排序完成");
        system("pause");
        menu(s,m);
        break;
    }
}
void ChangeData(struct STU *s,int m)
{
    int num;                                            //学号
    system("cls");
    printf("\t\t——————————————————————\n");
    printf("\t\t|                                    |\n");
    printf("\t\t|        欢迎进入学生信息修改系统    |\n");
```

```c
        printf("\t\t|                                              |\n");
        printf("\t\t——————————————————————————————————————————————\n\n");
        printf("\t\t请输入你要修改学生的学号：");
        scanf("%d",&num);//输入学号
        for(i=1;i<m-counter;i++)
            if((s+i)->num==num)
                break;
        if(i==m-counter)
        {
            printf("\t\t查无此人，请确认后输入\n");
            system("pause");
            menu(s,m);
        }
        printf("\t\t你要修改的学生为：%s\n",(s+i)->name);
        printf("\t\t请输入修改的信息：学号  姓名  年龄  性别\n");
        printf("\t\t\t\t");
        scanf("%d%s%d %c",&(s+i)->num,(s+i)->name,&(s+i)->age,&(s+i)->sex);
        printf("\t\t修改完成，返回主界面");
        Sleep(2000);
        menu(s,m);
}
void SaveData(struct STU *s,int m)
{
    FILE *fp;
    system("cls");
    printf("\t\t——————————————————————————————————————————————\n");
    printf("\t\t|                                              |\n");
    printf("\t\t|           欢迎进入学生信息保存系统           |\n");
    printf("\t\t|                                              |\n");
    printf("\t\t——————————————————————————————————————————————\n\n");
    if((fp=fopen("e:\\school.txt","wt"))==NULL)//建立一个.txt（文本文档）文件
    {
        printf("\t\t文件没有被建立\n");
        exit(0);
    }
    printf("\t\t正在保存");
    Sleep(1000);
    printf(".");
    Sleep(1000);
    printf(".");
```

```
        Sleep(1000);
        printf(".");
        for(i=1;i<m-counter;i++)
            fprintf(fp,"%d\t%s\t%d\t%c\n",(s+i)->num,(s+i)->name,(s+i)->age,(s+i)->sex);
        fclose(fp);
        printf("\t\t保存成功");
        system("pause");
        menu(s,m);
    }
    void OutputData(struct STU *s,int m)
    {
        system("cls");
        printf("\t\t━━━━━━━━━━━━━━━\n");
        printf("\t\t|                              |\n");
        printf("\t\t|    欢迎进入学生信息输出系统    |\n");
        printf("\t\t|                              |\n");
        printf("\t\t━━━━━━━━━━━━━━━\n\n");
        for(i=1;i<m-counter;i++)
            printf("\t\t%d %s %d %c\n",(s+i)->num,(s+i)->name,(s+i)->age,(s+i)->sex);
        printf("\t\t");
        system("pause");
        menu(s,m);
    }
```

上机实训

1. 利用指针变量，实现两个数的互换。
2. 输入两个数，将其从大到小输出。（利用指针）
3. 设有一整型数组，利用指针移动和变量移动两种方法输入，并输出其元素。
4. 利用指针变量实现一维数组的排序。
5. 利用指针变量实现一维数组的逆置（用函数实现）。
6. 将用户输入的字符串中的所有数字提取并输出，要求用指针实现。具体功能在函数中实现。
7. 利用指针变量实现字符串的长度计算和字符串的复制。
8. 从键盘输入三个整数，将其按照从大到小输出。

习题

一、选择题

1. 在 C 语言中，变量的指针是指该变量的_____。
   A. 值　　　　　　B. 名　　　　　　C. 地址　　　　　D. 一个标志

2. 在 int a = 3，*p = &a；中，*p 的值是_____。
   A. 变量 a 的地址值　　　　　　B. 无意义
   C. 变量 p 的地址值　　　　　　D. 3

3. 有语句 int a [5] ={1，2，3，4，5}；则*（a + 2）的值是_____。
   A. 2　　　　　　B. 3　　　　　　C. 1　　　　　　D. 4

4. 有如下定义：int a [10]，*p = a；则对数组元素引用错误的是_____。
   A. *（a + 8）　　B. *p　　　　　C. *（p + 5）　　D. *（a + 10）

5. 有如下定义：char *p = "hello!"，则执行语句 "puts（p + 2）；"得到的结果是_____。
   A. hello!　　　　B. llo!　　　　　C. lo!　　　　　D. 程序出错！

6. 当调用函数时，实参是一个数组名，则向函数传送的是_____。
   A. 数组的长度　　　　　　　　B. 数组的首地址
   C. 数组每一个元素的地址　　　D. 数组每个元素中的值

7. 对于 int *p [5]；的描述，_____是正确的。
   A. p 是一个指向数组的指针，所指向的数组是 5 个 int 型元素
   B. p 是一个指向某数组中第 5 个元素的指针，该元素是 int 型变量
   C. p [5]表示某个数组的第 5 元素的值
   D. p 是一个具有 5 个元素的指针数组，每个元素是一个 int 型指针

8. 已有定义：int k = 2；int *pk1，*pk2；且 pk1 和 pk2 均已指向变量 k，下面不能正确执行得赋值语句是_____。
   A. k = *pk1 + *pk2　　　　　B. pk2 = k
   C. pk1 = pk2　　　　　　　　D. k = *pk1*（*pk2）

9. 若有说明：int i，j = 2，*p = &i；，则能完成 i=j 赋值功能的语句是_____。
   A. i = *p　　　　B. *p = *&j　　　C. i = &j　　　　D. i = **p

10. 以下定义语句中，错误的是_____。
    A. int a [] = {1，2}　　　　　B. char *a [3]
    C. char s[] = "test"　　　　　D. int n = 5，a [n]

11. 以下不能正确进行字符串赋初值的语句是_____。
    A. char str [5] = "good!"　　　　B. char str [] = "good!"
    C. char *str = "good!"　　　　　　D. char str [5]={'g'，'o'，'o'，'d'}

12. 若有说明：int n = 2，*p=&n，*q=p；，则以下非法的赋值语句是_____。
    A. p = q　　　　B. *p = *q　　　C. n = *q　　　　D. p = n

13. 有以下程序

```
#include<string.h>
void main()
{
```

```
char *p="abcde\0fghijk\0";
printf("%d\n",strlen(p));
}
```

程序运行后的输出结果是_____。

  A. 12   B. 15   C. 6   D. 5

14. 若有语句：int *p, a = 4; p = &a，下面均代表地址的一组选项是_____。

  A. a，p，*&a   B. &*a，&a，*p

  C. *&p，*p，&a   D. &a，&*p，p

15. 若有定义：int a[2][3]，则对 a 数组的第 i 行第 j 列元素地址的正确引用是_____。

  A. *（a[i]+j）   B. (a+i)

  C. *（a+j）   D. a[i]+j

16. 下面程序的运行结果是_____。

```
#include<stdio.h>
#include<string.h>
void main()
{
char *s1="AbDeG";
char *s2="AbdEg";
s1+=2;
s2+=2;
printf("%d\n",strcmp(s1,s2));
}
```

  A. 正数 B. 负数 C. 零 D. 不确定的值

17. 若有说明语句

```
char a[]="It is mine";
char *p="It is mine";
```

则以下不正确的叙述是_____。

  A. a+1 表示的是字符 t 的地址

  B. p 指向另外的字符串时，字符串的长度不受限制

  C. p 变量中存放的地址值可以改变

  D. a 中只能存放 10 个字符

18. 以下正确的程序段是_____。

  A. char str[20]；scanf（"%s"，str）

  B. char *p；scanf（"%s"，p）

  C. char str[20]；scanf（"%s"，&str[2]）

  D. char str[20]，*p = str；scanf（"%s"，p[2]）

19. 若有说明：int *p, m = 5, n；以下正确的程序段是_____。

  A. p = &n；scanf（"%d"，&p）

B. p = &n; scanf ("%d", *p)

C. scanf ("%d", &n); *p = n

D. p = &n; *p = m

20．设有以下程序段：

```
char s[]="china";char *p;p=s;
```

则以下叙述正确的是_____。

A．s 和 p 完全相同

B．数组 s 中的内容与指针变量 p 中的内容相等

C．s 数组的长度和 p 所指向的字符串的长度相等

D．*p 与 s[0]相等

二、分析以下程序的运行结果

1．

```
#include<stdio.h>
void main()
{int  a[10]={0,1,2,3,4,5,6,7,8,9},s,i,*p;
s=0;p=a ;
for(i=0;i<10;i++)
s+=*(p+i);
printf("%d",s);
}
```

运行结果是：

2．

```
#include<stdio.h>
void ss(char *s,char t)
{
while(*s){
if(*s==t) *s=t-'a'+'A';
s++;}
}
void main(){
char str[100]="abcddfefdbd",c='d';
ss(str,c);
printf("%s\n",str);
}
```

运行结果是：

3．

```
#include<stdio.h>
void fun(int *p)
```

```
{
*p=5;
}
void main(){
int x=3;
fun(&x);
printf("x=%d\n",x);
}
```

运行结果是：

4.

```
#include<stdio.h>
void main(){
char *p,s[]="ABCDEFG";
for(p=s;*p!='\0';)
{
printf("%s\n",p);
p++;
if(p!='\0')p++;
else break;
}
}
```

运行结果是：

5.

```
#include<stdio.h>
#include<string.h>
void main(){
char *p1,*p2,str[50]="abc";
p1="abc";p2="abc";
strcpy(str+1,strcat(p1,p2));
printf("%s\n",str);
}
```

运行结果是：

任务五　实现学生信息的读取与写入

系统设计好之后每运行一次都要重新输入学生信息，这不符合一般系统中学生信息只需

要输入一次之后就是对信息进行管理的常规逻辑，为此需要将学生输入的信息存取的文件中用以保存，然后每次进入系统中只需要从文件中读取后在进行信息处理即可。

知识储备

文件是存储在外部介质上的数据集合，是在逻辑上具有完整意义的一组相关信息的序列。每个文件都有一个特殊的标识，叫做文件名。由于文件存储在外部存储介质上，因此文件中的数据可以永久保存。C 语言对文件的操作主要是对数据文件的读写操作，即将文件中的数据读入后赋值给变量，或将变量数据写到文件中保存。文章仅讨论数据文件的打开、关闭、读、写、定位等操作。

一、文件的分类

根据用户的不同需求，文件分为不同的类型，按不同的格式存储在磁盘上。从不同的角度可对文件作不同的分类。

（1）按编码方式，分为 ASCII 码文件和二进制码文件。

ASCII 文件也称为文本文件，这种文件在磁盘中存放时每个字符对应一个字节，用于存放对应的 ASCII 码。

二进制文件是按二进制的编码方式来存放文件的。

（2）按用户角度，分为普通文件和设备文件。

普通文件是指驻留在磁盘或其他外部介质上的文件。可以是程序的源文件、目标文件、可执行程序；也可以是一组待输入的原始数据，或者是一组程序处理后输出的结果。对于源文件、目标文件、可执行程序，可以称为程序文件；对程序输入输出的数据，一般称为数据文件。

设备文件是指与主机相连的各种外部设备，如显示器、键盘、打印机等。在操作系统中，把外部设备也看成是一个文件来进行管理。把对这些设备的输入、输出操作等同于对磁盘文件的读和写操作。

通常把显示器定义为标准输出文件，一般情况下在屏幕上显示有关信息就是向标准输出文件输出。如前面经常使用的 printf，putchar 函数就是这类输出。

键盘通常被指定标准的输入文件，从键盘上输入就意味着从标准输入文件上输入数据。scanf，getchar 函数就属于这类输入。

二、文件打开与关闭

文件在进行读写操作之前要先打开，使用完毕要关闭。所谓打开文件，实际上是建立文件的各种有关信息，并使文件指针指向该文件，以便进行其他操作。关闭文件则断开指针与文件之间的联系，也就禁止再对该文件进行操作。

1. 文件指针

在 C 语言中用一个指针变量指向一个文件，这个指针称为文件指针。通过文件指针就可对它所指的文件进行各种操作。

定义说明文件指针的一般形式为：

FILE *指针变量标识符；

其中，FILE 应为大写，它实际上是由系统定义的一个结构。该结构中含有文件名、文件状态和文件当前位置等信息，在编写源程序时不必关心 FILE 结构的细节。

例如：FILE *fp;

表示 fp 是指向 FILE 结构的指针变量，通过 fp 即可找存放某个文件信息的结构变量，然后按结构变量提供的信息找到该文件，实施对文件的操作。习惯上也笼统地把 fp 称为指向一个文件的指针。

2. 文件的打开（fopen 函数）

fopen 函数用来打开一个文件，其调用的一般形式为：

文件指针名=fopen(文件名,使用文件方式);

其中，"文件指针名"必须是被说明为 FILE 类型的指针变量；"文件名"是被打开文件的文件名；"使用文件方式"是指文件的类型和操作要求。

例如：

```
FILE *fp;fp=("filea","r");
```

其意义是在当前目录下打开文件 filea，只允许进行"读"操作，并使 fp 指向该文件。

又如：

```
FILE *fphzk;
fphzk=("c:\\hzk16","rb");
```

其意义是打开 C 驱动器磁盘的根目录下的文件 hzk16，这是一个二进制文件，只允许按二进制方式进行读操作。两个反斜线"\\"中的第一个表示转义字符，第二个表示根目录。

使用文件的方式共有 12 种，表 2-1 给出了它们的符号和意义。

表 2-1 文件使用方式

文件使用方式	意义
"rt"	只读打开一个文本文件，只允许读数据
"wt"	只写打开或建立一个文本文件，只允许写数据
"at"	追加打开一个文本文件，并在文件末尾写数据
"rb"	只读打开一个二进制文件，只允许读数据
"wb"	只写打开或建立一个二进制文件，只允许写数据
"ab"	追加打开一个二进制文件，并在文件末尾写数据
"rt+"	读写打开一个文本文件，允许读和写
"wt+"	读写打开或建立一个文本文件，允许读写
"at+"	读写打开一个文本文件，允许读，或在文件末追加数据
"rb+"	读写打开一个二进制文件，允许读和写
"wb+"	读写打开或建立一个二进制文件，允许读和写
"ab+"	读写打开一个二进制文件，允许读，或在文件末追加数据

学生学籍管理系统 项目二

> **说明**
>
> （1）文件使用方式由 r，w，a，t，b，+六个字符拼成，各字符的含义是：
>
> r（read）：读
>
> w（write）：写
>
> a（append）：追加
>
> t（text）：文本文件，可省略不写
>
> b（banary）：二进制文件
>
> +：读和写
>
> （2）凡用"r"打开一个文件时，该文件必须已经存在，且只能从该文件读出。
>
> （3）用"w"打开的文件只能向该文件写入。若打开的文件不存在，则以指定的文件名建立该文件，若打开的文件已经存在，则将该文件删去，重建一个新文件。
>
> （4）若要向一个已存在的文件追加新的信息，只能用"a"方式打开文件。但此时该文件必须是存在的，否则将会出错。
>
> （5）在打开一个文件时，如果出错，fopen 将返回一个空指针值 NULL。在程序中可以用这一信息来判别是否完成打开文件的工作，并作相应的处理。因此常用以下程序段打开文件：
>
> （6）if((fp=fopen("c:\\hzk16","rb"))==NULL)
> 　　　　{
> 　　　　　　printf("\nerror on open c:\\hzk16 file!");
> 　　　　　　exit(0);
> 　　　　}
>
> 这段程序的意义是，如果返回的指针为空，表示不能打开 C 盘根目录下的 hzk16 文件，则给出提示信息"error on open c:\hzk16 file!"，敲键后执行 exit（0）退出程序。
>
> exit（0）表示程序正常退出，exit（1）/exit（-1）表示程序异常退出。exit()函数包含于头文件 stdlib.h 中，因此在使用 exit()函数时，要加语句#include<stdlib.h>。
>
> （7）标准输入文件（键盘），标准输出文件（显示器），标准出错输出（出错信息）是由系统打开的，可直接使用。
>
> （8）二进制文件不能用文本方式打开，文本文件也不能用二进制方式打开，否则读出的数据将是不正确的。

【例 2-65】 打开 C 盘根下的 ab.txt 文件，验证文件能否正确打开。

例题分析：

变量的定义：根据题目要求需要定义文件指针 fa，用于指向打开的文件。

具体实现：判断文件是否成功打开，没打开，则退出；若打开，则显示 Open。

```
#include<stdio.h>
#include<stdlib.h>
void main()
{
    FILE *fa;
    if((fa=fopen("c:\\ab.txt","r"))==NULL
```

```
    {
        printf("\n Cannot open the file!");
        exit(0);      /*退出*/
    }
    else
        printf("\n Open! ");
}
```

程序运行结果是:

```
Open! Press any key to continue_
```

3. 文件的关闭（fclose 函数）

文件一旦使用完毕，应用关闭文件函数把文件关闭，以避免文件的数据丢失等错误。
fclose 函数调用的一般形式是：
fclose（文件指针）;
例如：fclose（fp）;
正常完成关闭文件操作时，fclose 函数返回值为 0，如返回非零值则表示有错误发生。

【例 2-66】 关闭 C 盘根下的 ab.txt 文件，验证文件能否正确关闭。

例题分析：

变量的定义：根据题目要求需要定义文件指针 fa，用于指向打开的文件。

具体实现： 先打开文件，然后应用 fclose 关闭文件。如果 fclose 函数返回值为 0，表示正常关闭，否则表示关闭出错。

```
#include<stdio.h>
#include<stdlib.h>
void main()
{
    FILE  *fa;
    if((fa=fopen("c:\\ab.txt","r"))==NULL)
    {
        printf("\n Cannot open the file!");
        exit(0);    /*退出*/
    }
    if ((fclose(fa))==0)
        printf("file close !\n");
}
```

程序运行结果是:

```
file close !
Press any key to continue
```

三、字符读写函数 fgetc 和 fputc

字符读写函数是以字符(字节)为单位的读写函数。每次可从文件读出或向文件写入一个字符。

1. 读字符函数 fgetc

fgetc 函数的功能是从指定的文件中读一个字符，函数调用的形式为：
字符变量=fgetc（文件指针）；
例如：ch=fgetc(fp);
其意义是从打开的文件 fp 中读取一个字符并送入字符 ch 中。

> **说明**
> （1）在 fgetc 函数调用中，读取的文件必须是以读或读写方式打开的。
> （2）读取字符的结果也可以不向字符变量赋值，
>   例如：fgetc（fp）；上述语句中读出的字符不能保存。
> （3）在文件内部有一个位置指针，用来指向文件的当前读写字节。在文件打开时，该指针总是指向文件的第一个字节。使用 fgetc 函数后，该位置指针将向后移动一个字节。因此可连续多次使用 fgetc 函数，读取多个字符。应注意文件指针和文件内部的位置指针不是一回事。文件指针是指向整个文件的，须在程序中定义说明，只要不重新赋值，文件指针的值是不变的。文件内部的位置指针用以指示文件内部的当前读写位置，每读写一次，该指针均向后移动，它不需在程序中定义说明，而是由系统自动设置的。

【例2-67】 将磁盘文件"ab.txt"的信息读出并显示到屏幕上。
例题分析：
变量的定义：根据题目要求需要定义文件指针 fp，用于指向打开的文件；定义字符变量 c 用于接收从文件中读出来的字符。
具体实现：先打开文件，然后应用 fgetc 函数依次读出文件中的字符，每读一个字符，赋值给变量 c，并判断是否已达文件尾，再用 putchar 函数将变量 c 中的字符显示于屏幕上，最后应用 fclose 关闭文件。

```
#include <stdio.h>
#include<stdlib.h>
void main()
{
FILE *fp; char c;
if ((fp=fopen( "c:\\ab.txt", "r" ))==NULL)
```

```
        printf("\n File not exist!");
        exit(0);
    }
    while((c=fgetc(fp))!=EOF)    //判断文件知否到达文件末尾
        putchar(c);
    fclose(fp);
}
```

程序运行结果是:

```
C程序设计Press any key to continue_
```

2. 写字符函数 fputc

fputc 函数的功能是把一个字符写入指定的文件中,函数调用的形式为:
fputc(字符量,文件指针);
其中,待写入的字符量可以是字符常量或变量,例如:fputc('a',fp);
其意义是把字符 a 写入 fp 所指向的文件中。

> **说明**
>
> (1) 被写入的文件可以用写、读写、追加方式打开,用写或读写方式打开一个已存在的文件时将清除原有的文件内容,写入字符从文件首开始。如需保留原有文件内容,希望写入的字符以文件末开始存放,必须以追加方式打开文件。被写入的文件若不存在,则创建该文件。
> (2) 每写入一个字符,文件内部位置指针向后移动一个字节。
> (3) fputc 函数有一个返回值,如写入成功则返回写入的字符,否则返回一个 EOF。可用此来判断写入是否成功。

【例 2-68】 从键盘输入一些字符存到一个磁盘文件 ab.txt 中,以"#"结束。

例题分析:

变量的定义:根据题目要求,需要定义文件指针 fp 用于指向打开的文件;定义字符变量 c 用于接收从键盘输入的字符。

具体实现:先打开文件,然后应用 getchar 函数接收从键盘输入的字符,并赋值给变量 c,再用 fputc 函数将变量 c 中的字符写到文件中去,直到输入"#"结束。最后应用 fclose 关闭文件。

```
#include<stdio.h>
#include<stdlib.h>
void main()
{
    FILE *fp; char c;
```

```
  if((fp=fopen("c:\\ab.txt", "w"))==NULL)
  {
    printf("\n File cannot open!");
    exit(0);
  }
  while((c=getchar())!='#')
    fputc(c,fp );
  fclose(fp);
}
```

从键盘输入字符串"hello",程序运行结果是将"hello"写入到文件"ab.txt"中,如图 2-36 所示。

图 2-36 文件结果

四、字符串读写函数 fgets 和 fputs

1. 读字符串函数 fgets

函数的功能是从指定的文件中读一个字符串到字符数组中,函数调用的形式为:
fgets(字符数组名,n,文件指针);
其中,n 是一个正整数,表示从文件中读出的字符串不超过 n-1 个字符。在读入的最后一个字符后面加上串结束标志"\0"。
例如:fgets(str,n,fp);的意义是从 fp 所指的文件中读出 n-1 个字符送入字符数组 str 中。

> **说明**
> (1) 在读出 n-1 个字符之前,如遇到了换行符或 EOF,则读出结束。
> (2) fgets 函数也有返回值,其返回值是字符数组的首地址。

【例 2-69】 利用函数 fgets 将文本文件 ab.txt 中的内容全部读出并显示在屏幕上。
例题分析:
变量的定义:根据题目要求,需要定义文件指针 fp,用于指向打开的文件;定义字符数组 str [20],用于接收从文件中读出来的字符串。
具体实现:先打开文件,然后应用 fgets 函数读出文件中的长度为 19 的字符串,赋值给数组 str,再用 puts 函数将数组 str 中的字符串显示于屏幕上,最后应用 fclose 关闭文件。

```
#include <stdio.h>
#include<stdlib.h>
void main()
```

```
{
    FILE *fp;
    char str[20];
    if((fp=fopen("c:\\ab.txt","rt"))==NULL)
    {
        printf("Cannot open file!");
        getchar();
        exit(0);
    }
    while(fgets(str,20,fp)!=NULL)
        puts(str);
    fclose(fp);
}
```

文件 ab.txt 中原有内容为字符串"hello",程序运行结果是:

```
hello
Press any key to continue
```

2. 写字符串函数 fputs

fputs 函数的功能是向指定的文件写入一个字符串,其调用形式为:
fputs(字符串,文件指针);
其中,字符串可以是字符串常量,也可以是字符数组名或指针变量,
例如:fputs("abcd", fp);的意思是把字符串"abcd"写入 fp 所指的文件之中。

【例 2-70】 在文件 ab.txt 中追加一个字符串。
例题分析:

变量的定义:根据题目要求需要定义文件指针 fp,用于指向打开的文件;定义字符数组 st [20]用于接收从键盘输入的字符串。

具体实现:先打开文件,然后应用 scanf 函数接收从键盘输入的字符串,并赋值给数组 st,再用 fputs 函数将数组 st 中的字符串写到文件中去,最后应用 fclose 关闭文件。

```
#include<stdio.h>
#include<stdlib.h>
void main()
{
    FILE *fp;
    char st[20];
    if((fp=fopen("c:\\ab.txt","at+"))==NULL)
    {
        printf("Cannot open file strike any key exit!");
        exit(0);
```

```
}
printf("input a string:\n");
scanf("%s",st);
fputs(st,fp);
fclose(fp);
}
```

程序运行结果是:

```
input a string:
world!
Press any key to continue
```

文件 "ab.txt" 追加字符串 "world!" 后，结果如图 2-37 所示。

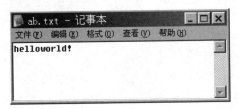

图 2-37 文件追加结果

五、数据块读写函数 fread 和 fwrite

C 语言还提供了用于整块数据的读写函数，可用来读写一组数据，如一个数组元素，一个结构变量的值等。

1. 写数据块函数 fwrite

写数据块函数调用的一般形式为：
fwrite（buffer, size, n, fp）；

函数功能是从 butter 所指的内存区域取 size * n 个字节数据，输出到 fp 指向的文件中。操作成功时返回所输出的数据项的个数，若出错返回 0。

例如：

```
char str[11];
…
fwrite(str,2,5,fp);
```

其意义是将数字 str 中字符一次写 2 个，共写 5 次到 fp 所指的文件中。

【例 2-71】 从键盘输入两个学生数据，写入文件 ab.txt 中。

例题分析：

变量的定义：根据题目要求，需要定义结构体 struct stu，表示学生的信息，并同时定义结构体数组 boya[2]，用于存储两个学生的信息，及结构体指针*pp，用于指向结构体数组。定义文件指针 fp，用于指向打开的文件；定义整型变量 I，用于循环输入两个学生的信息。

具体实现：先打开文件，然后应用 scanf 函数输入两个学生的信息到数组 boya 中，再用 fwrite 函数将数组 boya 中的学生信息写到文件中去。最后应用 fclose 关闭文件。

```c
#include<stdio.h>
#include<stdlib.h>
struct stu
{
    char name[10];
    int num;
    int age;
    char addr[15];
}boya[2],*pp;
void main()
{
    FILE *fp;
    int i;
    pp=boya;
    if((fp=fopen("c:\\ab.txt","wb+"))==NULL)
    {
        printf("Cannot open file strike any key exit!");
        exit(0);
    }
    printf("\ninput data\n");
    for(i=0;i<2;i++,pp++)
    scanf("%s%d%d%s",pp->name,&pp->num,&pp->age,pp->addr);
    pp=boya;
    fwrite(pp,sizeof(struct stu),2,fp);
    fclose(fp);
}
```

程序输入结果是：

```
input data
Lily 1 18 USA
Lucy 2 17 USA
Press any key to continue
```

2. 读数据块函数 fread

读数据块函数调用的一般形式为：
fread(buffer, size, n, fp);

函数功能是从 fp 指向的文件中读取长度为 size 的 n 块数据项，存到 butter 所指的内存区域。操作成功时返回所读出的数据项的个数，若遇文件尾或出错返回 0。

例如：fread（fa，2，6，fp）；

其意义是从 fp 所指的文件中，每次读 2 个字节(一个实数)送入整型数组 fa 中，连续读 6 次，即读 6 个整数到 fa 中。

【例 2-72】 将文件 ab.txt 中的两个学生的数据读出并显示在屏幕上。

例题分析：

变量的定义：根据题目要求，需要定义结构体 struct stu，表示学生的信息，并同时定义结构体数组 boya[2]，用于存储两个学生的信息，及结构体指针*pp，用于指向结构体数组。定义文件指针 fp，用于指向打开的文件；定义整型变量 I,用于循环输出两个学生的信息。

具体实现：先打开文件，然后应用 fread 函数将文件中的两个学生的信息读出存于指针 pp 所指向的数组 boya 中，再用 printf 函数循环地将数组 boya 中的学生信息输出到屏幕上。最后应用 fclose 关闭文件。

```
#include<stdio.h>
#include<stdlib.h>
struct stu
{
    char name[10];
    int num;
    int age;
    char addr[15];
}boya[2],*qq;
void main()
{
    FILE *fp;
    int I;
    qq=boya;
    if((fp=fopen("c:\\ab.txt","rt+"))==NULL)
    {
        printf("Cannot open file strike any key exit!");
        exit(0);
    }
    fread(qq,sizeof(struct stu),2,fp);
    printf("name\tnumber\tage\taddr\n");
    for(i=0;i<2;i++,qq++)
    printf("%s\t%d\t%d\t%s\n",qq->name,qq->num,qq->age,qq->addr);
    fclose(fp);
}
```

程序运行结果是：

```
name     number    age     addr
Lily     1         18      USA
Lucy     2         17      USA
Press any key to continue_
```

六、格式化读写函数 fscanf 和 fprintf

fscanf 函数、fprintf 函数与前面使用的 scanf、printf 函数的功能相似，都是格式化读写函数，两者的区别在于 fscanf 函数和 fprintf 函数的读写对象不是键盘和显示器，而是磁盘文件。

1. 格式化写函数 fprintf

格式化写函数调用的一般形式为：

fprintf（文件指针，格式字符串，输出表列）；

函数功能是把输出表列中的数据按格式字符串指定格式输出到 fp 所指的文件中。操作成功时返回实际输出的数据个数，出错返回 0。

例如：fprintf（fp，"%d%s"，I，s）；

【例 2-73】 按指定的格式,将学生信息写入到文件 cd.txt 中。

例题分析：

变量的定义：根据题目要求需要定义结构体 struct stu，表示学生的信息，并同时定义结构体数组 boy[2]，用于存储两个学生的信息；及结构体指针*pp、*qq，用于指向结构体数组。定义文件指针 fp，用于指向打开的文件；定义整型变量 I,用于循环输入两个学生的信息。

具体实现： 先打开文件，然后应用 scanf 函数输入两个学生的信息到数组 boy 中，再用 fprintf 函数将数组 boy 中的学生信息写到文件中去。最后应用 fclose 关闭文件。

```c
#include<stdio.h>
#include<stdlib.h>
struct student
{char name[10];
  int num;
  int age;
  char addr[15];
}boy[2],*pp;
void main()
{FILE *fp;
  int I;
  pp=boy;
  if((fp=fopen("c:\\cd.txt","wb+"))==NULL)
  {
```

```
        printf("Cannot open file!"); exit(0);}
        printf("\ninput data\n");
        for(i=0;i<2;i++,pp++)
            scanf("%s%d%d%s" ,pp->name,&pp->num,&pp->age,pp->addr);
        pp=boy;
        for(i=0;i<2;i++,pp++)
            fprintf(fp," %s\t%d\t%d\t%s\n ", pp->name,pp->num,pp->age,pp->addr);
        fclose(fp);
}
```

程序输入结果是:

```
input data
liming 1 18 China
lili 2 17 China
Press any key to continue
```

2. 格式化读函数 fscanf

格式化读函数调用的一般形式为:

fscanf（文件指针，格式字符串，输入表列）；

函数功能是将从 fp 指向的文件中，按格式字符串指定格式读入的数据送到输入表列所指向的内存单元。操作成功时返回所读出的数据个数，若遇文件尾返回 0。

例如:

```
int i;
char s[20];
fscanf(fp,"%d%s",&i,s);
```

【例 2-74】 从文件 cd.txt 中,按指定的格式,将学生信息读出并显示到屏幕上。

例题分析:

变量的定义：根据题目要求需要定义结构体 struct stu，表示学生的信息，并同时定义结构体数组 boy[2]，用于存储两个学生的信息；及结构体指针*pp，用于指向结构体数组。定义文件指针 fp，用于指向打开的文件；定义整型变量 i，用于循环输出两个学生的信息。

具体实现：先打开文件，然后应用 fscanf 函数将文件中的两个学生的信息读出存于指针 pp 所指向的数组 boy 中，再用 printf 函数循环地将数组 boy 中的学生信息输出到屏幕上。最后应用 fclose 关闭文件。

```
#include<stdio.h>
#include<stdlib.h>
struct stu
{
  char name[10];
```

```
    int num;
    int age;
    char addr[15];
}boy[2],*pp;
void main()
{FILE *fp;
  int i;
  fp=fopen("c:\\cd.txt","rb+");
  pp=boy;
  for(i=0;i<2;i++,pp++)
     fscanf(fp,"%s %d %d %s\n",pp->name,&pp->num,&pp->age,pp->addr);
  printf("name\tnumber\tage\taddr\n");
  pp=boy;
  for(i=0;i<2;i++,pp++)
     printf("%s\t%d\t%d\t%s\n ",pp->name,pp->num,pp->age,pp->addr);
fclose(fp);
}
```

程序运行结果是：

```
name     number   age      addr
liming   1        18       China
 lili    2        17       China
 Press any key to continue
```

七、文件的随机读写

前面介绍的对文件的读写方式都是顺序读写，即读写文件只能从头开始，顺序读写各个数据。但在实际问题中常要求只读写文件中某一指定的部分。为了解决这个问题，可移动文件内部的位置指针到需要读写的位置，再进行读写，这种读写称为随机读写。

1. 文件定位

实现随机读写的关键是要按要求移动位置指针，这称为文件的定位。

移动文件内部位置指针的函数主要有两个，即 rewind 函数和 fseek 函数。

rewind 函数形式：

rewind（文件指针）；

功能是把文件内部的位置指针移到文件首。

fseek 函数形式：

fseek（文件指针，位移量，起始点）；

功能是用来移动文件内部位置指针。

其中："文件指针"指向被移动的文件，"位移量"表示移动的字节数，要求位移量是 long 型数据，以便在文件长度大于 64KB 时不会出错。当用常量表示位移量时，要求加后缀"L"。"起始点"表示从何处开始计算位移量,规定的起始点有三种:文件首,当前位置和文件尾。

其表示方法如表 2-2 所示。

表 2-2 文件起始点表示

起始点	表示符号	数字表示
文件首	SEEK_SET	0
当前位置	SEEK_CUR	1
文件末尾	SEEK_END	2

例如:fseek(fp,100L,0);

其意义是把位置指针移到离文件首 100 个字节处。

还要说明的是 fseek 函数一般用于二进制文件。在文本文件中由于要进行转换,故往往计算的位置会出现错误。

2. 文件的随机读写

在移动位置指针之后,即可用前面介绍的任一种读写函数进行读写。由于一般是读写一个数据块,因此常用 fread 和 fwrite 函数。

【例 2-75】 在学生文件 ab.txt 中读出第二个学生的数据。

例题分析:

变量的定义:根据题目要求,需要定义结构体 struct stu,表示学生的信息,并同时定义结构体变量 boy,用于存储读出的第二个学生的信息;及结构体指针*qq,用于指向结构体变量。定义文件指针 fp,用于指向打开的文件;定义整型变量 I,用于表示移动一个学生信息的字节数。

具体实现:先打开文件,然后应用 fseek 函数移动一个学生信息的字节数,再应用 fread 函数读出第二个学生的信息,存于指针 qq 所指向的变量 boy 中,再用 printf 函数将变量 boy 中的学生信息输出到屏幕上。最后应用 fclose 关闭文件。

```
#include<stdio.h>
#include<stdlib.h>
struct stu
{
  char name[10];
  int num;
  int age;
  char addr[15];
}boy,*qq;
void main()
{
  FILE *fp;
  int i=1;
```

```
    qq=&boy;
    if((fp=fopen("c:\\ab.txt","rb"))==NULL)
    {
      printf("Cannot open file strike any key exit!");
      exit(1);
    }
    rewind(fp);
    fseek(fp,i*sizeof(struct stu),0);
    fread(qq,sizeof(struct stu),1,fp);
    printf("\nnname\tnumber\tage\taddr\n");
    printf("%s\t%d\t%d\t%s\n",qq->name,qq->num,qq->age,qq->addr);
    fclose(fp);
}
```

程序运行结果是：

```
nname    number    age       addr
Lucy     2         17        USA
Press any key to continue_
```

八、文件检测函数

1. 文件结束检测函数——feof 函数

调用格式：

feof（文件指针）；

功能：判断文件是否处于文件结束位置，如文件结束，则返回值为 1，否则为 0。

2. 读写文件出错检测函数

调用格式：

ferror（文件指针）；

功能：检查文件在用各种输入输出函数进行读写时是否出错。如 ferror 返回值为 0，表示未出错，否则表示有错。

3. 文件出错标志和文件结束标志——置 0 函数

调用格式：

clearerr（文件指针）；

功能：本函数用于清除出错标志和文件结束标志，使它们为 0 值。

任务实现

```
void SaveData(struct STU student[],int m)          //学生信息存储函数定义
{
    FILE *fp;
    system("cls");
    printf("\t\t————————————————\n");
    printf("\t\t|                              |\n");
    printf("\t\t|        欢迎进入学生信息保存系统        |\n");
    printf("\t\t|                              |\n");
    printf("\t\t————————————————\n\n");
    if((fp=fopen("e:\\school.txt","wt"))==NULL)
    {
        printf("\t\t文件没有被建立\n");
        exit(0);
    }
    printf("\t\t正在保存");
    Sleep(1000);
    printf(".");
    Sleep(1000);
    printf(".");
    Sleep(1000);
    printf(".");
    for(i=1;i<m-counter;i++)
fprintf(fp,"%d\t%s\t%d\t%c\n",student[i].num,student[i].name,student[i].age,student[i].sex);
    fclose(fp);
    printf("\t\t保存成功");
    system("pause");
    menu(student,m);
}
```

上机实训

1. 编写程序：把文本文件 test1.txt 的内容追加到文本文件 test2.txt 的尾部。
2. 编写程序：读出硬盘上的某个文本文件，并将其内容全部读出，显示在屏幕上。
3. 编写程序：把一个有 5 个职工信息的结构数组的内容写入到文件中，并显示后两个职工的信息。

习题

一、选择题

1. 若要用 fopen 函数打开一个新的二进制文件，该文件要既能读也能写，则文件方式字符串应是_____。
   A．"ab+"　　　　B．"wb+"　　　　C．"rb+"　　　　D．"ab"

2. fscanf 函数的正确调用形式是_____。
   A．fscanf（fp，格式字符串，输出表列）；
   B．fscanf（格式字符串，输出表列，fp）；
   C．fscanf（格式字符串，文件指针，输出表列）；
   D．fscanf（文件指针，格式字符串，输出表列）；

3. 在 C 语言中，对文件的存取以_____为单位。
   A．记录　　　　B．字节　　　　C．元素　　　　D．簇

4. 下面的变量表示文件指针变量的是_____。
   A．FILE *fp　　　B．FILE fp　　　C．FILER *fp　　　D．file *fp

5. 在 C 语言中，下面对文件的叙述正确的是_____。
   A．用"r"方式打开的文件只能向文件写数据
   B．用"R"方式也可以打开文件
   C．用"w"方式打开的文件只能用于向文件写数据，且该文件可以不存在。
   D．用"a"方式可以打开不存在的文件

6. 在 C 语言中，当文件指针变 fp 已指向"文件结束"，则函数 feof（fp）的值是_____。
   A．.t.　　　　B．.F.　　　　C．0　　　　D．1

7. 在 C 语言中，如果要打开 C 盘一级目录 ccw 下，名为"ccw.dat"的二进制文件用于读和追加写，则调用打开文件函数的格式为_____。
   A．fopen（"c:\ccw\ccw.dat"，"ab"）
   B．fopen（"c:\ccw.dat"，"ab+"）
   C．fopen（"c:ccw\ccw.dat"，"ab+"）
   D．fopen（"c:\ccw\ccw.dat"，"ab+"）

8. 标准库函数 fgets（s, n, f）的功能是_____。
   A．从文件 f 中读取长度为 n 的字符串存入指针 s 所指的内存
   B．从文件 f 中读取长度不超过 n-1 的字符串存入指针 s 所指的内存
   C．从文件 f 中读取 n 个字符串存入指针 s 所指的内存
   D．从文件 f 中读取长度为 n-1 的字符串存入指针 s 所指的内存

9. 在内存与磁盘频繁交换数据的情况下,对磁盘文件的读写最好使用的函数是_____。
   A．fscanf，fprintf　　　　　　B．fread，fwrite
   C．getc，putc　　　　　　　　D．putchar，getchar

10. 以下函数,一般情况下,功能相同的是_____。
    A．fputc 和 putchar　　　　　B．fwrite 和 fputc
    C．fread 和 fgetc　　　　　　D．putc 和 fputc

11. 下列程序的主要功能是_____。

```
#include "stdio.h"
main()
{FILE *fp;
long count=0;
fp=fopen("q1.c","r");
while(!feof(fp))
{fgetc(fp);count++;}
printf("count=%ld\n",count);
fclose(fp);
}
```

A. 读文件中的字符　　　　B. 统计文件中的字符数并输出
C. 打开文件　　　　　　　D. 关闭文件

12. 在 C 语言中,常用如下方法打开一个文件

```
if((fp=fopen("file1.c","r" ))==NULL)
{printf("cannot open this file \n");exit(0);}
```

其中函数 exit（0）的作用是_____。

A. 退出 C 环境
B. 退出所在的复合语句
C. 当文件不能正常打开时，关闭所有的文件，并终止正在调用的过程
D. 当文件正常打开时，终止正在调用的过程

二、程序填空

1. 从键盘输入一个字符串，把它输出到磁盘文件 f1.dat 中(用字符 '#' 作为结束输入的标志）。

```
# include <stdio.xah>
main()
{ FILE *fp ;
   char ch,fname[10];
   printf("文件名:");
   gets(fname);
   if ((fp=____(1)____)==NULL)
   { printf("connot open\n");
     exit(0);
   }
   while ((ch=getchar())!='#')
       fputc(____(2)____);
     ____(3)____;
}
```

2. 将上题名为 f1.dat 的文件拷贝到一个名为 f2.dat 的文件中。

```c
# include <stdio.h>
main()
{ FILE *fp1,*fp2 ;
   char c;
   if ((fp1=fopen("f1.dat",____(1)____)==NULL)
   { printf("connot open\n");
      exit(0);
   }
   if ((fp2=fopen("f2.dat",____(2)____)==NULL)
   { printf("connot open\n");
      exit(0);
   }
   c=fgetc(fp1);
   while (____(3)____)
   { fputc(c,fp2);
      c=fgetc(fp1);
   }
   _____(4)_____
}
```

3. 打印出 worker2.rec 中顺序号为奇数的职工记录。(即第 1,3,5...号职工的数据)

```c
#include <stdio.h>
struct worker_type
{ int num;
   char name[10];
   char sex;
   int age;
   int pay;
} worker[10];
main()
{ int i;
   FILE *fp;
   if ((fp=fopen(____(1)____)==NULL)
   { printf("connot open\n");
      exit(0);
   }
   for (i=0;i<10;____(2)____)
   { fseek(fp,____(3)____,0);
      fread(____(4)____,____(5)____,1,fp);
```

```
        printf("%5d %-10s %-5c %5d %5d\n",worker[i].num,
        worker[i].name,worker[i].sex,worker[i].age,worker[i].pay);
    }
    fclose(fp);
}
```

附录 A

ASCII 码值对照表

ASCII 值	控制字符	ASCII 值	控制字符	ASCII 值	控制字符	ASCII 值	控制字符
0	NUL	27	ESC	54	6	81	Q
1	SOH	28	FS	55	7	82	R
2	STX	29	GS	56	8	83	X
3	ETX	30	RS	57	9	84	T
4	EOT	31	US	58	:	85	U
5	ENQ	32	(space)	59	;	86	V
6	ACK	33	!	60	<	87	W
7	BEL	34	"	61	=	88	X
8	BS	35	#	62	>	89	Y
9	HT	36	$	63	?	90	Z
10	LF	37	%	64	@	91	91
11	VT	38	&	65	A	92	92
12	FF	39	,	66	B	93	93
13	CR	40	(	67	C	94	94
14	SO	41	)	68	D	95	95
15	SI	42	*	69	E	96	`
16	DLE	43	+	70	F	97	a
17	DCI	44	,	71	G	98	b
18	DC2	45	-	72	H	99	c
19	DC3	46	.	73	I	100	d
20	DC4	47	/	74	J	101	e
21	NAK	48	0	75	K	102	f
22	SYN	49	1	76	L	103	g
23	TB	50	2	77	M	104	h
24	CAN	51	3	78	N	105	i
25	EM	52	4	79	O	106	j
26	SUB	53	5	80	P	107	k

续表

ASCII 值	控制字符	ASCII 值	控制字符	ASCII 值	控制字符	ASCII 值	控制字符
108	l	113	q	118	v	123	{
109	m	114	r	119	w	124	|
110	n	115	s	120	x	125	}
111	o	116	t	121	y	126	~
112	p	117	u	122	z	127	DEL

基本控制字符说明：

NUL 空	VT 垂直制表	SYN 空转同步
SOH 标题开始	FF 走纸控制	ETB 信息组传送结束
STX 正文开始	CR 回车	CAN 作废
ETX 正文结束	SO 移位输出	EM 纸尽
EOY 传输结束	SI 移位输入	SUB 换置
ENQ 询问字符	DLE 空格	ESC 换码
ACK 承认	DC1 设备控制 1	FS 文字分隔符
BEL 报警	DC2 设备控制 2	GS 组分隔符
BS 退一格	DC3 设备控制 3	RS 记录分隔符
HT 横向列表	DC4 设备控制 4	US 单元分隔符
LF 换行	NAK 否定	DEL 删除

附录 B 位运算

前面介绍的各种运算都是以字节作为最基本位进行的。但在很多系统程序中常要求在位(bit)一级进行运算或处理。这种位一级的运算和处理功能通常由低级语言（如汇编语言）来提供，一般的高级语言都不能提供这种运算和处理功能。而作为高级语言的C语言却提供了位运算的功能，这使得C语言也能像汇编语言一样用来编写系统程序，这也是 C 语言优于其他高级语言之处。

位运算是指对存储单元中的数按二进制位进行运算的方法。

例如，将一个存储单元中的各二进制位左移或者右移一位、两位……将一个数的其中某一个位设置成"0"或者"1"，等等。

C 语言提供了 6 种位运算符：

①&：按位与运算符；

②|：按位或运算符；

③^：按位异或运算符；

④~：按位取反运算符；

⑤<<：左移运算符；

⑥>>：右移运算符。

说明

(1) 位运算符中除了 "~" 是单目运算符，其他均为二目运算符。

(2) 参与运算的量只能是整型或者字符型的数据，不能为实型数据。

(3) 参与位运算的数据在运算过程中都以二进制补码形式出现。

1. 按位与运算（"&"）

其功能是参与运算的两数各对应的二进位相与。只有对应的两个二进位均为 1 时，结果位才为 1，否则为 0。

例如：9&5 可写算式如下：

  00001001   （9 的二进制补码）

 &00000101   （5 的二进制补码）

```
    00000001              （1 的二进制补码）
```
可见 9&5=1。

按位与运算通常用来对某些位清 0 或保留某些位。例如，把 a 的高八位清 0，保留低八位，可作 a&255 运算（255 的二进制数为 0000000011111111）。

"按位与"运算与"逻辑与"运算都是双目运算符，但请注意不要将两者混淆。

例 1：

```
#include<stdio.h>
void main()
{
int a=10,b=5;          //定义整型变量并初始化
if(a&&b)    printf("(1)* * *\n");
else        printf("(1)# # #\n");
if(a&b)     printf("(2)* * *\n");
else        printf("(2)# # #\n");
}
```

程序的运行结果是：

```
(1)* * *
(2)# # #
Press any key to continue
```

程序分析：10&&5 运算，"&&"两边的运算量均为非 0，结果就为 1，条件成立，因此输出 if 后的语句；10&5 进行按位与运算，结果为 0，故条件不成立，输出 else 后的语句。

2. 按位或运算（"|"）

其功能是参与运算的两数各对应的二进位相或。只要对应的二个二进位有一个为 1 时，结果位就为 1。

例如：9|5 可写算式如下：
```
  00001001
 |00000101
  00001101          （十进制为 13）
```
可见 9|5=13

按位或的特殊用途：常用来对一个数据的某些位置 1。"按位或"运算与"逻辑或"运算都是双目运算符，但请注意不要将两者混淆。

3. 按位异或运算（"^"）

其功能是参与运算的两数各对应的二进位相异或。如果两个相应位为"异"（值不同），则该位结果值为 1，否则为 0。

例如：9^5 可写成算式如下：
```
  00001001
 ^00000101
```

00001100　　　（十进制为12）

异或运算的应用：可以使特定位翻转。

4. 按位取反运算（"~"）

其功能是对参与运算的数的各二进位按位求反，即将1变成0,0变成1。

例如：~9的运算为：

~（0000000000001001）

结果为：1111111111110110

> **注意**
>
> 按位取反运算符是单目运算符，它的优先级别比算术运算、关系运算、逻辑运算、条件运算等都高，其具有右结合性。

5. 左移运算（"<<"）

其功能把"<<"左边的运算数的各二进位全部左移若干位，由"<<"右边的数指定移动的位数，高位丢弃，低位补0。

例如：

a<<4

指把a的各二进制位向左移动4位。如a=00000011(十进制3)，左移4位后为00110000(十进制48)。

6. 右移运算（">>"）

其功能是把">>"左边的运算数的各二进位全部右移若干位，">>"右边的数指定移动的位数。

例如：

设　a=15，

a>>2

表示把000001111右移为00000011(十进制3)。

应该说明的是，对于有符号数，在右移时，符号位将随同移动。当为正数时，最高位补0，而为负数时，符号位为1，最高位是补0或是补1主要取决于编译系统的规定，Turbo C和很多系统规定为补1。

例2：

```
#include<stdio.h>
void main()
{
    unsigned a,b,c;
    printf("input a number:");
    scanf("%d",&a);
    b=a>>5;
    c=a<<2;
    printf("a=%d\tb=%d\tc=%d\n",a,b,c);
```

}

运行结果如下：

```
input a number:32
a=32     b=1      c=128
Press any key to continue
```

移位运算符常用来使一个数乘以 2 或者除以 2，左移一位相当于乘以 2，右移一位相当于除以2。

附录 C 运算符和结合性

优先级	运算符	含义	要求运算对象的个数	结合方向
1	( ) [ ] -> .	圆括号 下标运算符 指向结构体成员运算符 结构体成员运算符		自左至右
2	! ++ -- - （类型） * & ~ sizeof	逻辑非运算符 自增运算符 自减运算符 负号运算符 类型转换运算符 指针运算符 地址运算符 按位取反运算符 长度运算符	1 （单目运算符）	自右至左
3	* / %	乘法运算符 除法运算符 求余运算符	2 （双目运算符）	自左至右
4	+ -	加法运算符 减法运算符	2 （双目运算符）	自左至右
5	<< >>	左移运算符 右移运算符	2 （双目运算符）	自左至右
6	< <= > >=	关系运算符	2 （双目运算符）	自左至右
7	== !=	等于运算符 不等于运算符	2 （双目运算符）	自左至右

续表

优先级	运算符	含义	要求运算对象的个数	结合方向
8	&	按位与运算符	2（双目运算符）	自左至右
9	^	按位异或运算符	2（双目运算符）	
10	|	按位或运算符	2（双目运算符）	
11	&&	逻辑与运算符	2（双目运算符）	自左至右
12	||	逻辑或运算符	2（双目运算符）	自左至右
13	?:	条件运算符	3（三目运算符）	自右至左
14	= += -= *= /= %= <<= >>= &= ^= |=	赋值运算符	2（双目运算符）	自右至左
15	,	逗号运算符（顺序求值运算符）		自左至右

说明：

（1）同一优先级的运算符，运算次序由结合方向决定。例如，*与/具有相同的优先级别，其结合方向为自左向右，因此，3*4/5 的运算次序是先乘后除。-和++为同一优先级。结合方向为自右向左，因此-i++相当于-(i++)。

（2）不同运算符要求有不同的运算对象个数，如+和-为双目运算符，要求在运算符两侧各有一个运算对象（如5+8,9-7等）。而++和-运算符是单目运算符，只能在运算符的一侧出现一个运算对象（如-a, i++，--i, *p 等）。

（3）条件运算符是C语言中唯一得三目运算符，如 a>b?a:b。

（4）单目运算符的优先级别高于所有的双目运算符以及三目运算符，逗号运算符的优先级别最低。

（5）这么多种运算符，很多情况下优先级容易记错，为此我们有一个顺口溜可以帮助读者快速记住大部分的优先级顺序（为了便于记忆，这里我们将位运算称为逻辑位运算）：

算术关系和逻辑，移位逻辑位插中间。